CAD-AUSBILDUNG
für die Konstruktionspraxis

Teil 2

CAD 3D

Einführung in das Dreidimensionale Konstruieren

Herausgegeben und erarbeitet von der
IFAO Industrie-Consulting GmbH, Karlsruhe

unter Mitwirkung der Firmen:
NIXDORF Computer AG, Paderborn
HEWLETT PACKARD GmbH, Böblingen
CONTROL DATA GmbH, Frankfurt

D1720624

Carl Hanser Verlag München Wien

Dieser Band wurde am IFAO erarbeitet von:

Christian Böhler (verantwortlich)
Horst Altstädt

CIP-Titelaufnahme der Deutschen Bibliothek

CAD-Ausbildung für die Konstruktionspraxis / hrsg. u. erarb.
von d. IFAO-Industrie-Consulting GmbH, Karlsruhe. Unter Mitw.
d. Firmen: Nixdorf Computer AG, Paderborn ... –
München ; Wien : Hanser.

Früher hrsg. von d. Inst. für Angewandte Organisationsfor-
schung, IFAO, Karlsruhe
NE: IFAO-Industrie-Consulting GmbH < Karlsruhe >

Teil 2. CAD 3D : Einf. in d. dreidimensionale Konstruieren.
[Hauptbd.]. [Dieser Bd. wurde am IFAO erarb. von: Christian
Böhler (verantwortl.) ; Horst Altstädt]. – 1988
ISBN 3-446-14569-9

NE: Böhler, Christian [Mitverf.]

© 1988 Carl Hanser Verlag München Wien

Umschlaggestaltung: Christa Quilici und Günther Gerstmayer, München
Satz und Druck: Joh. Walch GmbH & Co, Augsburg
Printed in Germany

Geleitwort

Nachdem der erste Teil dieser Reihe „CAD-Ausbildung für die Konstruktionspraxis – CAD 2D" in vielen Lehrgängen, Kursen und auch zum Selbststudium bereits gut eingeführt ist, wird diese Reihe nun durch den Teil 2: „CAD 3D" komplettiert. Dieser Band ergänzt das Basiswissen um Inhalte, wie sie für die CAD-3D-Anwendung typisch sind.

In allgemeiner, systemneutraler Form wird damit die Grundlage für eine darauf aufbauende systemspezifische CAD-3D-Ausbildung gelegt.

Die Ausbildungsreihe „CAD-Ausbildung für die Konstruktionspraxis" orientiert sich am Stand der CAD-Technik. Durch die repräsentative Auswahl der aufgenommenen Systeme ist sie für die gesamte Bandbreite des heutigen CAD-Marktes gültig. Daher ist dieses Werk für alle aktuellen CAD-Lehrgänge empfehlenswert.

Im Januar 1988   Hans Günther Schimpf, Nixdorf Computer AG, Paderborn
                                                  Wolfgang Franzke, Hewlett-Packard GmbH, Böblingen
                                                  Ilse Hegen, Control Data GmbH, München

Vorwort

Das computerunterstützte Konstruieren (CAD) ist in den vergangenen Jahren in vielen Unternehmen zu einem nicht mehr wegzudenkenden Werkzeug im Konstruktionsbereich geworden. Die dazu eingesetzten CAD-Systeme dienten in erster Linie zur Lösung von zweidimensionalen Aufgabenstellungen wie Zeichnungserstellung und Dokumentation.

Mittlerweile hat sich die CAD-Landschaft verändert; fallende Hardwarepreise und die steigende Leistungsfähigkeit der Computer haben den Weg für eine neue Generation leistungsfähiger Systeme geebnet, die eine realitätsnahe, dreidimensionale Bearbeitung ermöglichen.

Vor diesem Hintergrund wird klar, daß in den nächsten Jahren der Einsatz von CAD, insbesondere von 3D-Systemen, auf breiter Basis bevorsteht. Das bedeutet gleichzeitig, daß für einen immer größer werdenden Personenkreis ein Bedarf an Informationen und Ausbildungsinhalten zum Thema CAD 3D entsteht. Der vorliegende Band „CAD 3D", der als zweiter Teil der Reihe „CAD-Ausbildung für die Konstruktionspraxis" erscheint, soll diesen Bedarf decken und dem Leser durch gründliche Information eine sichere Grundlage für den verantwortungsvollen Umgang mit der CAD-Technik geben.

Das Buch enthält nach einem einleitenden Kapitel über die mathematischen Grundlagen und die dreidimensionalen Geometriemodelle eine umfassende Beschreibung von Elementen und Funktionen, die den Stand der Technik von CAD 3D repräsentieren. Mit der Vorstellung von Systemen und Anwendungsbeispielen wird der Praxisbezug dieses Werkes unterstrichen.

Die Reihe „CAD-Ausbildung für die Konstruktionspraxis" entstand in Zusammenarbeit mit den Firmen Control Data, Hewlett Packard und Nixdorf, die über Markt- und Konkurrenzaspekte hinweg ihr Know-how auf dem Gebiet der CAD-Systemtechnik mit einbrachten. Die Bände CAD 2D, CAD 3D und CAD/CAM bilden zusammen mit den zugehörigen Lehrerunterlagen in Form von Foliensets ein umfassendes Ausbildungsprogramm, dessen erster Band: „CAD 2D" sich bereits in der Praxis bewährt hat.

Wir danken den beteiligten Firmen und ihren Mitarbeitern für ihre Unterstützung und die engagierte inhaltliche Mitarbeit.

Dem Carl Hanser Verlag danken wir für die gute Zusammenarbeit bei der Realisierung des Projekts.

Karlsruhe, Januar 1988   Johannes Linke
                                                                               Christian Böhler

Eine Konstruktionsidee wird umgesetzt

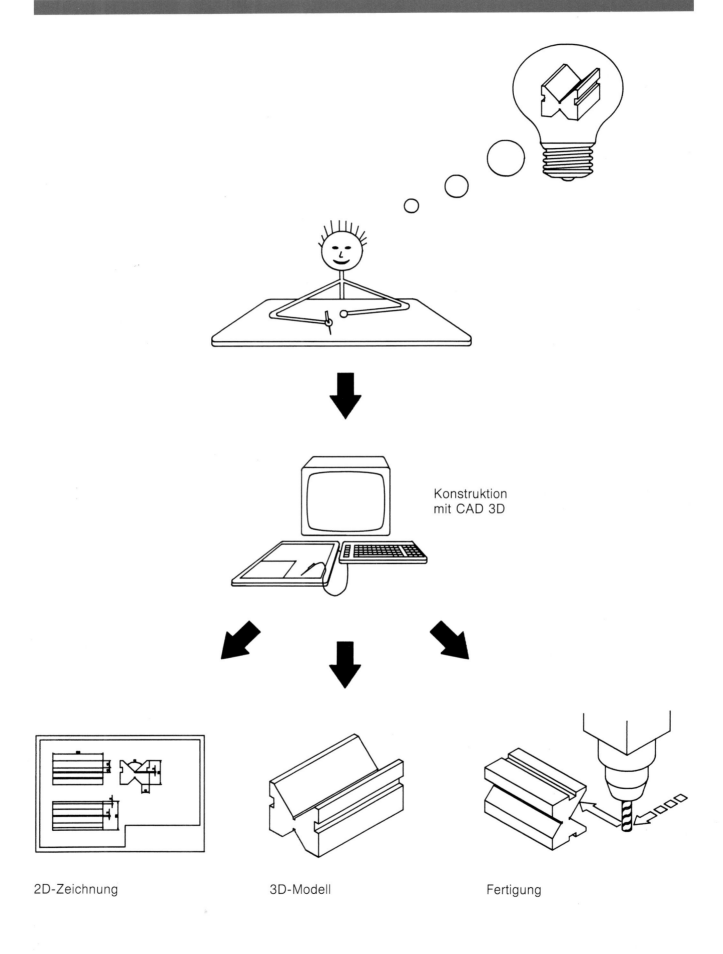

Konstruktion
mit CAD 3D

2D-Zeichnung   3D-Modell   Fertigung

Das vorliegende CAD-Handbuch soll Ihnen den Einstieg in die Anwendung moderner CAD-Systeme erleichtern. Es behandelt deshalb sämtliche wichtigen Aspekte (Bedienmöglichkeiten, Funktionen etc.), die das rechnerunterstützte vom manuellen Konstruieren unterscheiden.

Es wendet sich dabei an alle Personen, die bei ihrer Tätigkeit in Zukunft an Rechnerarbeitsplätzen für die Plan- und Zeichnungserstellung tätig sein werden.
Dies gilt sowohl für technische Zeichner als auch für Konstrukteure, Techniker und Ingenieure. Dazu kommt noch die wichtige Gruppe des Führungspersonals, der Entscheidungsträger, die mit möglichst wenig Zeitaufwand mit den Grundzügen und Möglichkeiten der Rechneranwendung von CAD 3D vertraut gemacht werden sollen.

Das CAD-3D-Handbuch kann dienen als:
– **kursbegleitendes Lehr- und Arbeitsbuch,**
– **Informationsquelle zum Selbststudium,**
– **Nachschlagewerk nach einem Kurs.**

Die thematische Gliederung wurde so vorgenommen, daß jeweils eine oder mehrere Seiten einen Inhalt abgeschlossen darstellen. Ein neues Thema beginnt auf einer neuen Seite.
Für das Arbeiten mit dem Handbuch bedeutet dies, daß man es nicht von vorne nach hinten durchlesen muß, sondern je nach Interesse und Kenntnisstand bestimmte Kapitel und Bausteine auswählen kann. Für den Einsatz in Kursen sind somit verschiedene lernlogische Aneinanderreihungen denkbar; ganz vom Einsatzfall und den Lernzielen abängig.

2. Modelle
– Kantenmodell
– Flächenmodell
– Volumenmodell
– Modellierungsverfahren

A

2. Flächenelemente
– Ebene
– Rotations-, Translationsfläche
– Flächen durch Berandungskurven
– Flächendefintion
  aus vorhandenen Kurven
– Freiformfläche

3. Volumenelemente
– Quader, Würfel
– Zylinder, Kugel, Kegel, Torus
– Rotationskörper, Translationskörper
– Durch Flächen begrenzter Körper

B

2. Volumenverknüpfung
– Vereinigung
– Subtraktion
– Durchschnitt
– Lift, Rotate + Lift
– Stamp, Punch
– Mill, Bore

3. Flächenverknüpfung
– Bewegen, Herausziehen
– Drehen, Herausdrehen
– Radienänderung
– Ausrundung, Fase
– Entfernen von Flächen

C

2. Darstellungshilfen
– Flächenlinien
– Ausblenden verdeckter Kanten
  (automatisch/manuell)
– Facettierung und Schattierung
– Lichtquellen, Farben
– Koordinatenanzeige, Element-
  bezeichnung

3. Konstruktionshilfen
– Arbeitsraum, Arbeitsebene
– Schnittbildung
– Gruppenbildung

4. Hilfsgeometrie
– Konstruktions-Hilfspunkte
– Konstruktions-Hilfslinien
– Konstruktions-Hilfsflächen

D

2. Transformationen
– Vom 3D-Modell zur 2D-Zeichnung
– Von der 2D-Zeichnung zum
  3D-Modell
– Vom 3D-Kantenmodell zum
  3D-Volumenmodell

E

2. Konstruktions- und
Übungsbeispiele

F

Anhang

Baustein 1: Mathematische Grundlagen

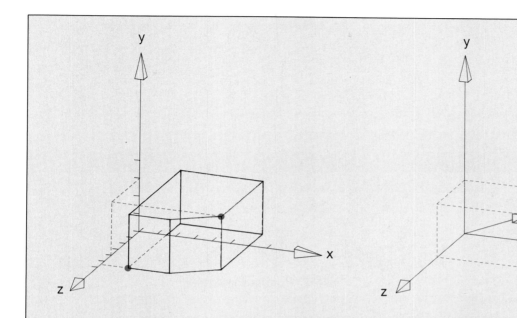

Bild 1: Koordinatensysteme legen die Lage von Elementen im Raum fest

Bild 2: Punktkoordinaten können als Vektoren dargestellt werden

Beim dreidimensionalen Konstruktionsprozeß am CAD-System entsteht im Rechner ein **räumliches Modell** des Konstruktionsobjektes, das ähnliche Eigenschaften besitzt wie ein plastisches Modell aus Ton, Kunststoff oder Holz. Es kann durch geeignete Funktionen von verschiedenen Seiten betrachtet werden, mit weiteren Objekten zusammengebaut oder zur Bewegungsanalyse im Raum bewegt und neu plaziert werden.

Sowohl bei der Entstehung als auch bei der Weiterverarbeitung eines Modells werden Beschreibungstechniken eingesetzt, die auf dreidimensionalen **Koordinatenangaben** basieren. Dabei kommen verschiedene **Koordinatensysteme** (Bild 1) sowie die Beschreibung von Volumen-, Flächen- und Kurvenelementen mittels **dreidimensionaler Vektoren** (Bild 2) zum Einsatz.

In diesem Baustein lernen Sie die dreidimensionalen Koordinatensysteme und verschiedene Arten von 3D-Vektoren kennen, die beim räumlichen Konstruieren Verwendung finden.

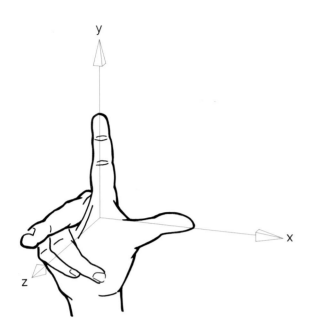

Bild 1: Rechte-Hand-Regel

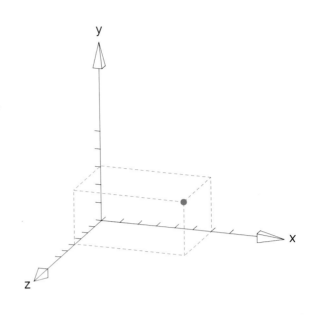

Bild 2: Punktkoordinaten

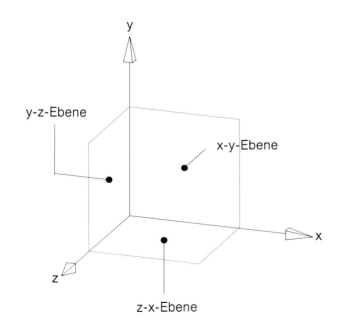

y-z-Ebene

x-y-Ebene

z

z-x-Ebene

Bild 3: Koordinatenebenen

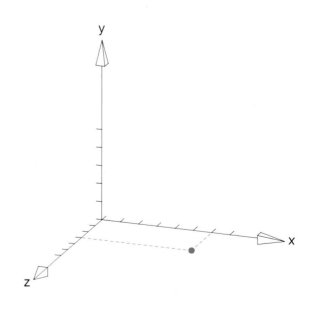

Bild 4: Punkt in einer Koordinatenebene

Jedes geometrische Element eines dreidimensionalen Modells ist durch die Verknüpfung einer bestimmten Anzahl von Punkten beschreibbar. Dies gilt ebenso für Kurven-, Flächen- und Volumenelemente.
Die Lage eines Punktes im Raum ist durch **Zahlenwerte** eindeutig beschreibbar. Diese Zahlenwerte werden als **Koordinaten** bezeichnet.

Um jeden beliebigen Punkt darstellen zu können, wird ein Koordinatensystem mit drei Achsen benötigt (X-, Y- und Z-Achse). Diese Achsen gehen von einem festen Anfangspunkt, dem Koordinatenursprung, aus und stehen jeweils senkrecht aufeinander. Man spricht daher von einem **rechtwinkligen** oder **kartesischen** Koordinatensystem. Die positiven Achsrichtungen ergeben sich aus der **Rechte-Hand-Regel** (Bild 1). Es gelten die Entsprechungen:

Daumen	X-Achse
Zeigefinger	Y-Achse
Mittelfinger	Z-Achse

Die Festlegung eines Punktes erfolgt durch eine X-, eine Y- und eine Z-Koordinate, wobei jeder Koordinatenwert den Abstand der Projektion des Punktes auf die jeweilige Achse vom Ursprung angibt (Bild 2).

Jeweils zwei Achsen des Koordinatensystems bilden eine **Koordinatenebene**. Es gibt drei Koordinatenebenen:

X-Y-Ebene
Y-Z-Ebene
Z-X-Ebene (Bild 3).

Ein Punkt liegt dann in einer Koordinatenebene, wenn sein Koordinatenwert in der dritten Richtung gleich Null ist (Bild 4).

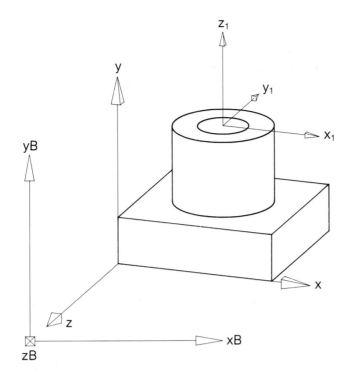

x, y, z: Modell-
koordinatensystem
xB, yB, zB: Bildschirm-
koordinatensystem
x_1, y_1, z_1: Arbeitskoordinatensystem

Bild 1: rechtwinklige Koordinatensysteme

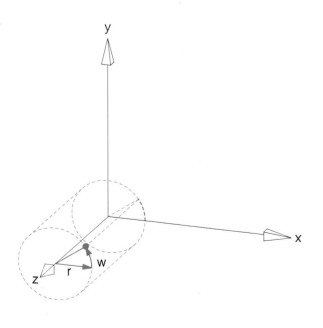

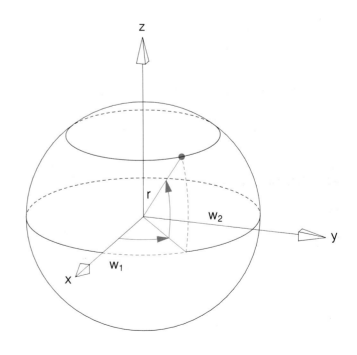

Bild 2: Zylinderkoordinaten

Bild 3: Kugelkoordinaten

Rechtwinklige Koordinatensysteme

Zur Beschreibung und Darstellung dreidimensionaler Objekte werden verschiedene **Arten von Koordinatensystemen** verwendet. Durch geeignete Wahl des Koordinatensystems wird die Dateneingabe erleichtert. Man unterscheidet die folgenden rechtwinkligen Koordinatensysteme (Bild 1):

- **Bildschirmkoordinatensystem**
- **Global- oder Modellkoordinatensystem**
- **Lokal- oder Arbeitskoordinatensystem**

Das **Bildschirmkoordinatensystem** ist ein in der Richtung unveränderliches kartesisches Koordinatensystem, bei dem die X-Y-Koordinatenebene der Bildschirmebene entspricht. Für die Koordinatenachsen gilt:

X-Achse: nach rechts
Y-Achse: nach oben
Z-Achse: nach vorne (auf den Betrachter des Bildschirms gerichtet)

Der Koordinatenursprung ist im Raum fixiert und kann relativ zu einem Konstruktionsobjekt nicht verschoben werden.

Das **Modellkoordinatensystem** dient zur Beschreibung der Modellkoordinaten, wie sie in der Elementliste abgespeichert werden. Der Koordinatenursprung ist identisch mit dem Ursprung des Bildschirmkoordinatensystems und ebenfalls unveränderlich.
Das Modellkoordinatensystem kann jedoch gegenüber dem Bildschirmkoordinatensystem in beliebige Richtungen gedreht werden, wobei sich die Konstruktionsobjekte mitdrehen. Auf diese Art können verschiedene perspektivische Ansichten eines Objekts erzeugt werden, ohne daß sich die Koordinatenwerte der einzelnen Punkte des Objekts ändern.

Zusätzlich kann bei vielen CAD-Systemen ein **lokales Arbeitskoordinatensystem** definiert werden. Es kann beliebig im Raum verschoben und gedreht werden und dient dazu, Werteingaben, die sich auf einen bestimmten Punkt des Konstruktionsobjektes beziehen, zu erleichtern. Dazu wird der Ursprung des lokalen Koordinatensystems auf diesen Punkt gelegt. Die Richtung der Koordinatenachsen kann ebenfalls, der Konstruktionsaufgabe entsprechend, frei gewählt werden.

Zylinder- und Kugelkoordinaten

In einigen Fällen lassen sich Punkte leichter durch Angabe einer Entfernung und eines Winkels eingeben als in kartesischen Koordinaten. Beim dreidimensionalen Konstruieren gibt es, entsprechend den zweidimensionalen Polarkoordinaten, zwei weitere Arten von Koordinaten, die dies ermöglichen:

- **Zylinderkoordinaten**
- **Kugelkoordinaten**

Anstelle von X-, Y- und Z-Koordinaten ist in **Zylinderkoordinaten** ein Punkt durch Winkel, Radius und Z-Koordinate bestimmt (Bild 2). Der Winkel wird in der X-Y-Ebene von der X-Achse zur Projektion des Punktes auf diese Ebene gemessen, der Radius ist gleich der Projektion des Abstandes vom Ursprung auf die X-Y-Ebene und die Z-Koordinate gibt die Entfernung vom Ursprung in Z-Richtung an.

Einige CAD-Systeme bieten auch die Möglichkeit der Punkteingabe in **Kugelkoordinaten,** die durch zwei Winkel und einen Radius festgelegt sind (Bild 3). Der erste Winkel (W_1) gibt die Lage einer Ebene relativ zur Z-X-Ebene an, in der ein durch den Radius (r) bestimmter Kreis liegt. Der zweite Winkel (W_2) beschreibt die Lage des Punktes auf diesem Kreis, wobei 0 Grad einem Punkt in der X-Y-Ebene entspricht.

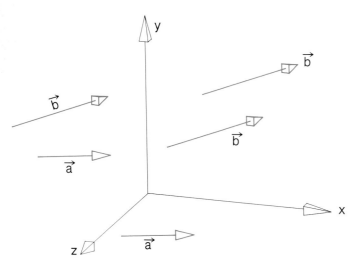

Bild 1: Freie Vektoren

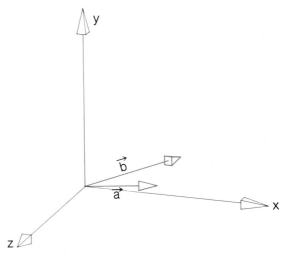

Bild 2: Ortsvektoren

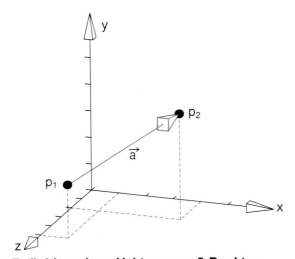

$$p_1 \begin{bmatrix} 10 \\ 20 \\ 50 \end{bmatrix} \qquad p_2 \begin{bmatrix} 40 \\ 40 \\ 20 \end{bmatrix}$$

$$\vec{a} \begin{bmatrix} 40 \\ 40 \\ 20 \end{bmatrix} - \begin{bmatrix} 10 \\ 20 \\ 50 \end{bmatrix} = \begin{bmatrix} 30 \\ 20 \\ -30 \end{bmatrix}$$

Bild 3: Definition eines Vektors aus 2 Punkten

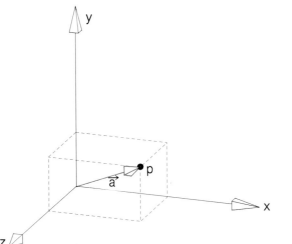

$$p \begin{bmatrix} 30 \\ 20 \\ 20 \end{bmatrix}$$

$$\vec{a} \begin{bmatrix} 30 \\ 20 \\ 20 \end{bmatrix}$$

**Bild 4: Der Ortsvektor eines Punktes ergibt
sich aus seinen Koordinaten**

Die Koordinaten eines im Raum liegenden Punktes können auch zur Punktdarstellung mittels **Vektoren** benutzt werden.

Ein Vektor ist eine gerichtete Größe, das heißt, eine Strecke mit einer bestimmten **Länge** und einer festgelegten **Richtung.**

Man unterscheidet **freie Vektoren** und **Ortsvektoren**. Ein freier Vektor ist nicht an einen festen Anfangspunkt gebunden, sondern kann sich an jeder beliebigen Stelle im Raum befinden.

Unter einem Ortsvektor versteht man einen Vektor, der vom Ursprung des Koordinatensystems ausgeht und auf einen ganz bestimmten Zielpunkt weist.

Die Länge und die Richtung eines Vektors ergeben sich aus den Koordinaten seines Anfangs- und Endpunktes.

In Koordinatenschreibweise erhält man den Vektor durch die **Subtraktion** der Anfangspunktkoordinaten von den Endpunktkoordinaten (Bild 3):

$$\vec{a} = \overrightarrow{P_1P_2} = \begin{bmatrix} X_2 \\ Y_2 \\ Z_2 \end{bmatrix} - \begin{bmatrix} X_1 \\ Y_1 \\ Z_1 \end{bmatrix} = \begin{bmatrix} X_2 - X_1 \\ Y_2 - Y_1 \\ Z_2 - Z_1 \end{bmatrix}$$

Für den Ortsvektor eines Punktes vereinfacht sich die Ermittlung der Koordinatendarstellung. Da der Anfangspunkt der Koordinatenursprung mit den Koordinaten (0, 0, 0) ist, erhält man den Vektor direkt durch Übernahme der Punktkoordinaten des Zielpunkts (Bild 4):

$$\vec{a} = \overrightarrow{OP} = \begin{bmatrix} X \\ Y \\ Z \end{bmatrix} - \begin{bmatrix} 0 \\ 0 \\ 0 \end{bmatrix} = \begin{bmatrix} X \\ Y \\ Z \end{bmatrix}$$

Die Länge eines Vektors wird auch als **Betrag** des Vektors bezeichnet. Er errechnet sich folgendermaßen:

$$a = \sqrt{a_x^2 + a_y^2 + a_z^2}$$

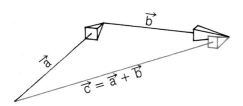

Bild 1: Vektoraddition

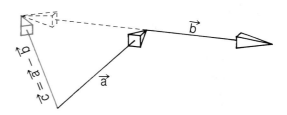

Bild 2: Vektorsubtraktion

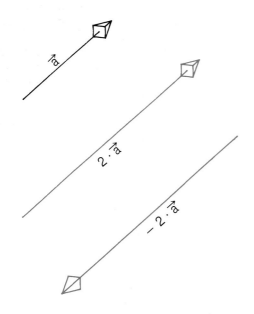

**Bild 3: Multiplikation eines Vektors
mit einer Zahl**

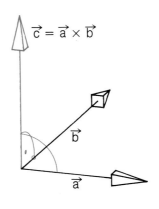

Bild 4: Vektorprodukt

In der Vektorrechnung gibt es verschiedene Verknüpfungsmöglichkeiten, mit denen aus vorhandenen Vektoren neue Vektoren oder reelle Zahlen gebildet werden können. In vielen 3D-CAD-Funktionen sind solche Vektorverknüpfungen enthalten. Im folgenden werden einige dieser Funktionen beispielhaft vorgestellt.

Vektoraddition und -subtraktion
Zwei Vektoren werden addiert, indem man die Koordinaten jeder Achse paarweise addiert. Das Ergebnis ist ein neuer Vektor (Bild 1).

$$\vec{a} + \vec{b} = \vec{c} = \begin{bmatrix} a_x \\ a_y \\ a_z \end{bmatrix} + \begin{bmatrix} b_x \\ b_y \\ b_z \end{bmatrix} = \begin{bmatrix} a_x + b_x \\ a_y + b_y \\ a_z + b_z \end{bmatrix}$$

Die Subtraktion von Vektoren läuft entsprechend ab (Bild 2):

$$\vec{a} + \vec{b} = \vec{c} = \begin{bmatrix} a_x \\ a_y \\ a_z \end{bmatrix} - \begin{bmatrix} b_x \\ b_y \\ b_z \end{bmatrix} = \begin{bmatrix} a_x - b_x \\ a_y - b_y \\ a_z - b_z \end{bmatrix}$$

Ein Beispiel für die Anwendung der Vektoraddition bei CAD-Systemen ist das Verschieben von geometrischen Objekten. Dabei wird zum Ortsvektor eines zu verschiebenden Punktes der Verschiebungsvektor addiert. Die Summe ergibt den neuen Ortsvektor des Punktes.

Multiplikation von Vektoren
Man unterscheidet drei Multiplikationsmöglichkeiten für Vektoren:

- **Multiplikation eines Vektors mit einer reellen Zahl**
- **Skalarprodukt**
- **Vektorprodukt**

Ein **Vektor** wird **mit einer reellen Zahl** multipliziert, indem man jeden Koordinatenwert mit dieser Zahl multipliziert:

$$\vec{a} \cdot n = \begin{bmatrix} a_x \\ a_y \\ a_z \end{bmatrix} \cdot n = \begin{bmatrix} a_x \cdot n \\ a_y \cdot n \\ a_z \cdot n \end{bmatrix}$$

In der grafischen Darstellung bedeutet das, daß der Vektor um den Faktor n skaliert wird. Ist n negativ, wird zusätzlich noch die Richtung des Vektors umgekehrt (Bild 3).

Die Multiplikation eines Vektors mit einer Zahl findet in der Praxis bei jedem Vergrößern oder Verkleinern, z.B. bei der Zoom-Funktion statt. Dabei wird der Ortsvektor jedes Punktes um einen bestimmten Faktor skaliert, so daß sich die dargestellten Objekte in ihrer Größe ändern, ihre Form aber beibehalten wird.

Das **Skalarprodukt** zweier Vektoren liefert eine reelle Zahl. Diese entsteht durch paarweise Multiplikation der sich entsprechenden Koordinaten und anschließende Addition der drei Produkte.

$$\vec{a} \cdot \vec{b} = \begin{bmatrix} a_x \\ a_y \\ a_z \end{bmatrix} \cdot \begin{bmatrix} b_x \\ b_y \\ b_z \end{bmatrix} = a_x b_x + a_y b_y + a_z b_z$$

Das **Vektorprodukt** zweier Vektoren ergibt einen neuen Vektor, der senkrecht auf den beiden Vektoren steht (Bild 4).

$$\vec{a} \times \vec{b} = \vec{c} = \begin{bmatrix} a_x \\ a_y \\ a_z \end{bmatrix} \times \begin{bmatrix} b_x \\ b_y \\ b_z \end{bmatrix} = \begin{bmatrix} a_x \cdot b_x - a_z \cdot b_y \\ a_z \cdot b_x - a_x \cdot b_z \\ a_x \cdot b_y - a_y \cdot b_x \end{bmatrix}$$

Das Vektorprodukt wird bei der Verarbeitung von Flächen und Körpern im CAD-System oft zur Berechnung von Normalenvektoren - das sind Vektoren, die senkrecht auf Oberflächenpunkten oder sonstigen Ebenenpunkten stehen - benötigt. Diese Berechnung erfolgt automatisch durch das Programm und muß nicht vom Bediener eingegeben werden.

A 1.10 Aufgaben zum Baustein „Mathematische Grundlagen"

1) Wieviele Angaben sind notwendig, um einen beliebigen Punkt im Raum darstellen zu können?

_____

2) Was versteht man unter Koordination?

_____

3) Was ist an diesem Koordinatensystem falsch?

_____

_____

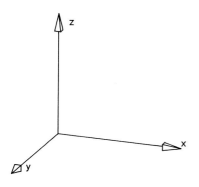

4) Wann liegt ein Punkt in einer Koordinatenebene (durch zwei Achsen aufgespannt)?

_____

5) Wo liegt der Punkt [0, 20, 0]?

_____

6) Welche drei Arten von 3D-Koordinaten gibt es?

_____

_____

_____

7) Wie liegen in einem Bildschirmkoordinatensystem die Achsen?

_____

_____

_____

8) Was versteht man unter einem Vektor?

_____

9) Was versteht man unter einem Ortsvektor?

_____

A

10) Worin unterscheiden sich die Koordinaten eines Ortsvektors zu einem beliebigen Punkt P von den Koordinaten dieses Punktes P?

11) Ein Vektor a sei durch die Koordinaten von Anfangspunkt $P_1 = [x_1, y_1, z_1]$ und Endpunkt $P_2 = [x_2, y_2, z_2]$ gegeben. Berechnen Sie die Koordinaten des Vektors a.

12) Wie wird die Länge des Vektors $a = [a_x, a_y, a_z]$ berechnet?

13) Welche drei Arten der Multiplikation gibt es in der Vektorrechnung? Ist das Ergebnis eine Zahl oder ein Vektor?

14) Wie verändert sich ein Vektor, wenn er mit 2 mulitpliziert (durch 2 dividiert) wird?

15) Welche besonderen Eigenschaften besitzt der durch das Vektorprodukt entstehende Vektor?

Baustein 2: Modelle

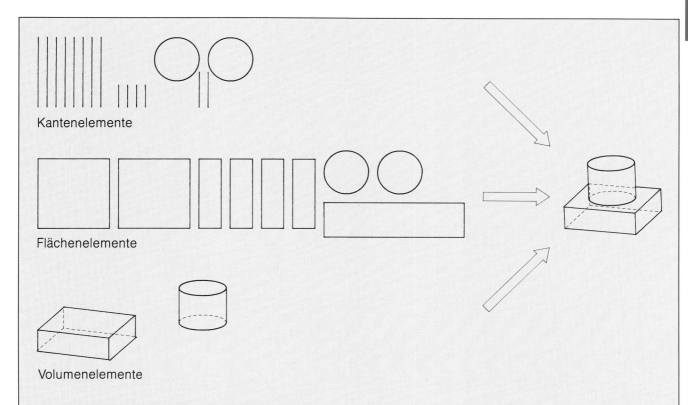

Kantenelemente

Flächenelemente

Volumenelemente

Bild: Das Modell eines Körpers und sein Aufbau

Zur Beschreibung dreidimensionaler Objekte durch ein Modell gibt es in der analytischen Geometrie eine große Anzahl verschiedener Grundelemente, aus denen sich das Modell zusammensetzt.
Sie lassen sich einteilen in:

- **Linien- und Kurvenelemente**
- **Flächenelemente**
- **Volumenelemente**

Je nach den zur Modellbildung in CAD-Systemen eingesetzten Elementarten entstehen Modelle mit unterschiedlichen Eigenschaften. Man bezeichnet sie (siehe Bild) als

- **Kantenmodell**
- **Flächenmodell**
- **Volumenmodell**

Anhand der einem CAD-System zugrundeliegenden Modellart kann man eine grobe Klassifizierung der Systeme vornehmen; in der Praxis gibt es jedoch auch viele Systeme, die mehrere Modellarten in sich vereinigen, z. B. Kanten- und Flächenmodell oder Flächen- und Volumenmodell.

Für alle drei Modellarten gilt, daß die genaue Gestalt des beschriebenen Objekts durch Punktkoordinaten bestimmt ist. Beim Abspeichern eines Modells werden diese Punktkoordinaten in einer Datenbasis gespeichert. Je nach Modellart wird als zusätzliche Information festgehalten, durch welche Kanten-, Flächen- oder Volumenelemente die Koordinatenpunkte verbunden sind und welche Abhängigkeiten zwischen diesen Elementen bestehen.

In diesem Baustein lernen Sie die drei Modelle, deren Möglichkeiten sowie deren Vor- und Nachteile kennen.

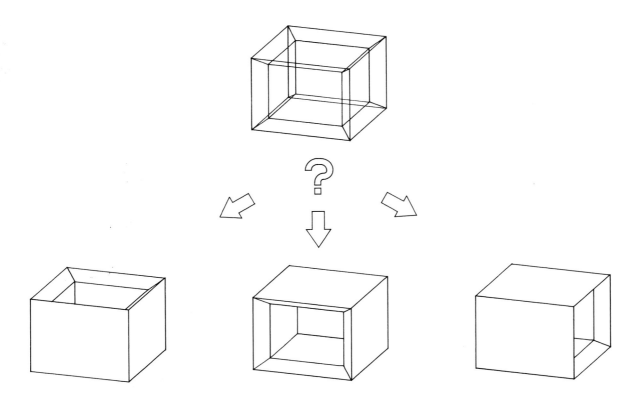

Bild 1: Beim Kantenmodell sind optische Täuschungen möglich

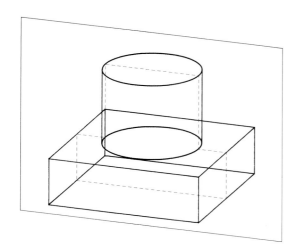

**Bild 2: Schnitt durch das Kanten-
modell des Körpers**

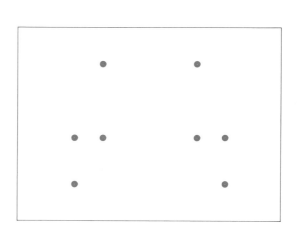

Bild 3: Ergebnis des Schnittes

Beim **Kantenmodell** wird ein Körper durch Kontur-elemente, wie sie beim zweidimensionalen Konstru-ieren benutzt werden – also Linien, Kreise, Ellipsen usw. – beschrieben. Es liegt keine Information dar-über vor, welche Flächen und Volumina durch diese Kanten eingeschlossen werden.

Das Kantenmodell kann man mit der Modellierung eines Objektes durch Drähte vergleichen. Es wird daher auch als **Drahtmodell** bezeichnet.

Ein im Kantenmodell dargestelltes Objekt ist „durch-sichtig", das heißt, alle Kanten, die bei der Betrach-tung eines echten Körpers verdeckt wären, sind sicht-bar. Dies hat den Nachteil, daß mit dem Kantenmodell keine Darstellung eines Körpers erzeugt werden kann, in der die verdeckten Kanten automatisch unsichtbar sind, um einen wirklichkeitsgetreuen Ein-druck des Körpers zu vermitteln. Das führt bei der Betrachtung eines Kantenmodells am Bildschirm oft zu Verwirrung, da optische Täuschungen darüber, was vorne und was hinten liegt, auftreten können (Bild 1). Bei einfacheren Konstruktionsobjekten ist es prak-tikabel, die nicht sichtbaren Kanten durch Löschen oder Trimmen einzelner Linien zu beseitigen, bei komplexeren Modellen ist dies aber oft zu aufwendig.

Wenn man einen Schnitt durch das Kantenmodell eines Körpers legt (Bild 2) und anschließend die Bild-schirmdarstellung so verändert, daß die Schnittebene genau der Bildschirmebene entspricht, dann sind als Ergebnis nur die **Durchstoßpunkte** der Körperkanten durch die Ebene sichtbar (Bild 3).

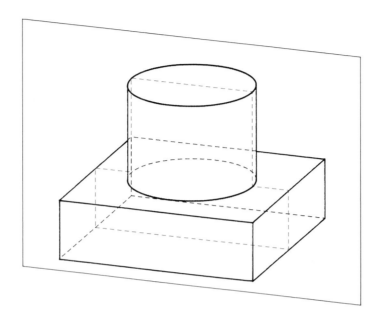

**Bild 1: Schnitt durch das Flächenmodell eines
Körpers**

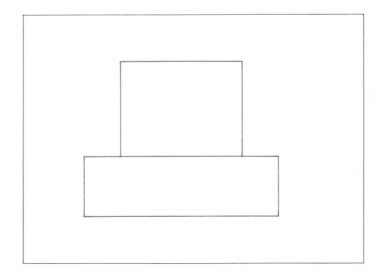

Bild 2: Ergebnis des Schnittes

A

Beim **Flächenmodell** wird die Oberfläche eines Körpers aus einzelnen Teilflächen zusammengesetzt. Dazu können sowohl analytisch beschreibbare Grundflächen als auch analytisch nicht beschreibbare Freiformflächen verwendet werden.

Unter analytisch beschreibbaren Flächen versteht man ebene Flächen (z.B. Rechteck-, Dreieck-, Polygon- oder Kreisflächen) und gekrümmte Flächen (z.B. Zylinderoberfläche, Kugeloberfläche, Torusfläche), denen einfache parametrische Definitionen zugrundeliegen.

Unter Freiformflächen versteht man Flächen höheren Grades, die nicht einfachen mathematischen Definitionen folgen, sondern nur durch Flächengleichungen angenähert werden können. Beispiele für analytisch nicht beschreibbare Flächen sind Turbinenschaufeln, Flugzeugpropeller, Karosserieoberflächen usw.

Bei der Bildschirmdarstellung können Flächen mit einem Liniennetz überzogen werden, damit ihr Verlauf im Raum besser zu erkennen ist.

Ein Körper, der als Flächenmodell erzeugt wurde, kann am Bildschirm durchsichtig dargestellt werden, so daß auch verdeckte Flächen angezeigt werden. Wie beim Kantenmodell hat das den Nachteil, daß die Darstellung unübersichtlich wird. Als Abhilfe dagegen gibt es beim Flächenmodell die Möglichkeit, alle verdeckten Kanten und Flächen in einer perspektivischen Ansicht auszublenden.

Darüber hinaus können Flächen am Bildschirm mit Farbe gefüllt und durch simulierte Lichtquellen angestrahlt werden. Dadurch entsteht ein sehr wirklichkeitsgetreues Abbild eines Körpers mit schattierten Oberflächen.

Wenn man einen Schnitt durch das Flächenmodell eines Körpers legt (Bild 1) und die Bildschirmdarstellung danach so verändert, daß die Schnittebene genau der Bildschirmebene entspricht, so erhält man als Ergebnis die Schnittkurven zwischen den Körperflächen und der Ebene (Bild 2).

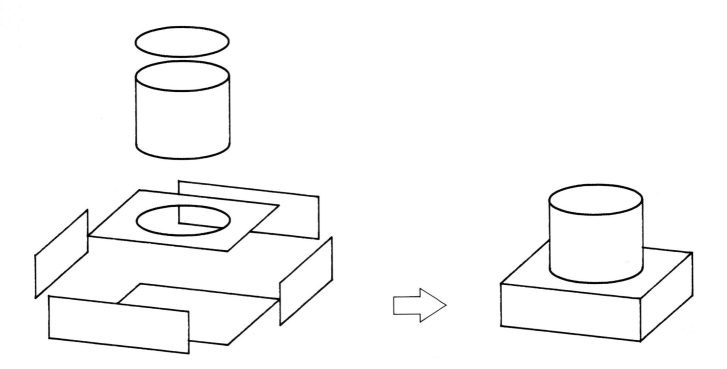

Bild 1: Begrenzungsflächenmodell

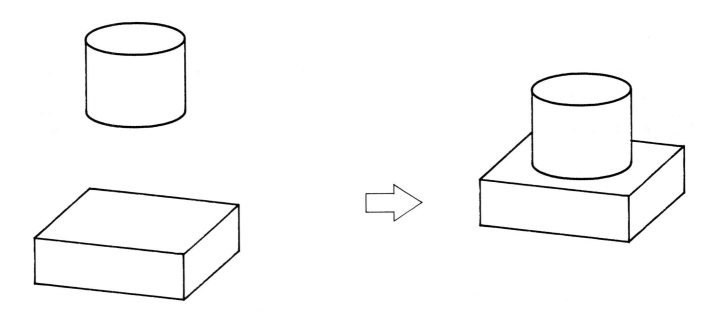

Bild 2: Vollkörpermodell

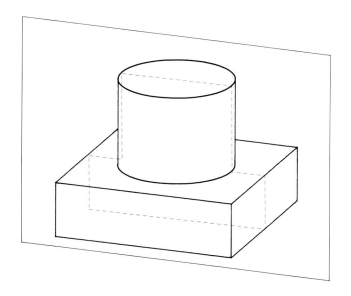

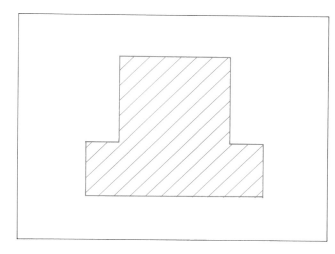

Bild 3: Schnitt durch das Volumenmodell eines Körpers

Zur Erzeugung von Körpern unterscheidet man zwei grundsätzliche Arten von **Volumenmodellen:**

Begrenzungsflächenmodelle und **Vollkörpermodelle.**

Diesen beiden Verfahren ist gemeinsam, daß der Körper als Volumenelement abgespeichert ist.

Beim Begrenzungsflächenmodell (**B-REP** = Boundary Representation) ist dieses Volumenelement **durch seine Oberflächen** definiert (Bild 1). Mit den Flächen wird deren Beziehung zueinander, d. h. die **Topologie,** mit abgespeichert.

Beim Vollkörpermodell (**CSG** = Constructive Solid Geometry) entsteht ein Körper durch die **mengentheoretische Verknüpfung** (Subtraktion, Vereinigung, Durchschnitt; siehe C 2.3) einfacher geometrischer Grundkörper wie Quader, Zylinder, Kugel (Bild 2).

Flächenbegrenzungsmodell und Vollkörpermodell werden in vielen CAD-Systemen gleichzeitig eingesetzt, so daß sowohl mengentheoretische Verknüpfungen als auch Operationen mit Flächen oder Kanten möglich sind. Beide Modelle sind mathematisch ineinander überführbar.

Wie beim Flächenmodell ist im Volumenmodell eine Darstellung wahlweise mit oder ohne verdeckte Kanten möglich. Die Oberfläche kann ebenfalls schattiert werden.

Wenn man eine Schnittebene durch das Volumenmodell eines Körpers legt und diese Schnittebene anschließend in die Bildschirmebene bringt, erhält man eine **Schnittfläche** als Ergebnis (Bild 3).

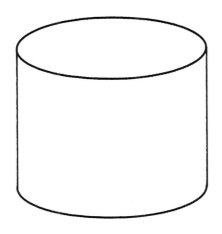

**Bild 1: Analytisch beschriebenes Modell
eines Zylinders (absolut genau)**

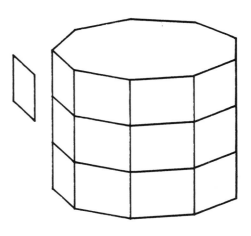

**Bild 2: Durch Flächen angenäherter Zylinder
(niedrige Genauigkeit)**

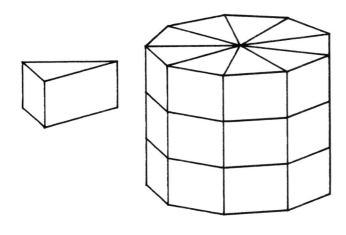

**Bild 3: Durch Teilkörper
angenäherter Zylinder**

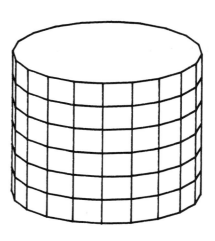

**Bild 4: Durch viele Flächen angenäherter Zylinder
(hohe Genauigkeit)**

Je nachdem wie geometrische Kanten-, Flächen- oder Volumenelemente systemintern beschrieben werden, unterscheidet man die folgenden **Modellierungsverfahren:**

Analytische Verfahren (Bild 1)

Bei analytischen Modellierungsverfahren wird die Oberfläche eines Körpers durch **analytische Grundflächen**, wie Ebene, Zylindermantelfläche, Kugelfläche, Kegelfläche usw., beschrieben. Es handelt sich hierbei um eine absolut genaue Abbildung eines Objektes im Rechner; Original und Modell stimmen vollständig überein.

Interpolierende/approximierende Verfahren (Bild 2)

Bei diesen Verfahren wird die Form der Oberfläche eines Körpers im CAD-System durch eine mathematische Beschreibung **angenähert**, die die Abbildung eines Objekts im Rechner vereinfacht. Diese Annäherung erfolgt, indem die Oberfläche aus vielen kleinen **ebenen Teilflächen** aufgebaut wird. Das bewirkt, daß das im Rechner vorhandene Modell nicht ganz exakt mit dem Original übereinstimmt. Bei genügender Anzahl von Teilflächen wirkt sich dies jedoch nicht nachteilig auf die Verarbeitung aus. Mit solchen Verfahren wird es möglich, auch analytisch nicht beschreibbare **Freiformoberflächen** anzunähern und im Rechner darzustellen.

Interpolation und Approximation sind Annäherungsverfahren. Bei der Interpolation werden „Stützstellen" verwendet, in denen die Modelloberfläche mit der wahren Oberfläche übereinstimmt - zwischen den Stützstellen wird interpoliert. Bei der Approximation müssen die Stützstellen nicht auf der Modelloberfläche liegen.

Die Teilflächen, durch die eine Oberfläche dargestellt wird, bezeichnet man auch als **Facetten**, das Verfahren entsprechend als **Facettierung**. Neben der Annäherung durch Flächen gibt es auch Verfahren, die ein Objekt durch Teilkörper interpolieren bzw. approximieren (Bild 3).

Welche Modellierungsverfahren in einem CAD-System eingesetzt werden, hängt von verschiedenen Faktoren ab. Wenn Freiformflächen dargestellt werden sollen, benötigt man in jedem Fall ein interpolierendes/approximierendes Verfahren; wenn nur analytisch beschreibbare Körper abgebildet werden sollen, werden meistens analytische Verfahren eingesetzt.

Oft werden zur Darstellung von analytischen Modellen auch **facettierte Modelle** angeboten, da sie folgende Vorteile haben:

- Die Bildverarbeitungsgeschwindigkeit bei der Darstellung von **schattierten Bildern** ist wesentlich schneller.
- Die Berechnung von verdeckten Kanten oder Flächen benötigt weniger Zeit (da sich schneidende ebene Flächen immer **gerade** Schnittkanten besitzen).

Am Bildschirm ist der Unterschied zwischen analytischen und interpolierenden/approximierenden Verfahren leicht an der Darstellung von gekrümmten Elementen, z.B. Zylinderoberfläche, Kugel usw. zu erkennen (Bild 1, Bild 2). Die Genauigkeit der Annäherung eines Elements durch Flächen läßt sich durch Parameter im voraus einstellen, die die Anzahl der Teilflächen verändern (Bild 4, siehe D 2.3).

A 2.10 Aufgaben zum Baustein „Modelle"

1) In welche Gattungen werden 3D-Modelle unterteilt?

_____

_____

_____

2) Welcher Unterschied besteht zwischen einem Kantenmodell und einem Drahtmodell?

_____

_____

3) Welche Nachteile hat ein Kantenmodell?

_____

_____

_____

4) Worin besteht der Unterschied zwischen einem Flächen- und einem Kantenmodell?

_____

_____

_____

5) Bei welchem Modell ergibt sich als Schnitt eine Schnittfläche?

_____

6) Handelt es sich bei diesem Modell um ein Begrenzungsflächenmodell oder um ein Vollkörpermodell?

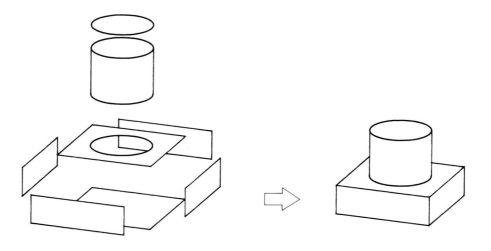

A

7) *Woran erkennt man den Unterschied zwischen interpolierendem/approximierendem Verfahren und analytischem Verfahren?*

_____

_____

_____

8) *Worin liegt der Vorteil des interpolierenden/approximierenden Verfahrens gegenüber dem analytischen Verfahren?*

_____

_____

_____

Baustein 1: Punkt- und Kurvenelemente

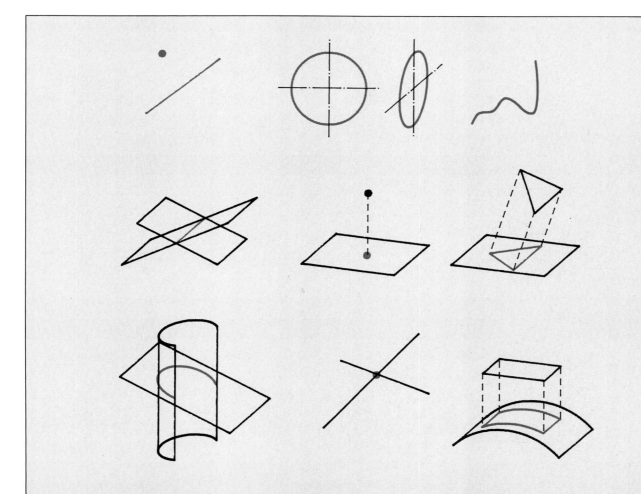

Bild: Kurvenelemente im dreidimensionalen Raum

Beim dreidimensionalen Konstruieren können 2D-Grundelemente wie Linien, Kreise, Punkte oder Splines in beliebiger räumlicher Anordnung verwendet werden. Die Definition der Lage und Größe dieser Elemente erfolgt dabei durch Koordinateneingabe im Modell- oder Arbeitskoordinatensystem. Dabei entspricht die grundsätzliche Vorgehensweise dem Arbeiten mit einem 2D-CAD-System.

Darüberhinaus gibt es bei einem 3D-CAD-System Möglichkeiten, in Verbindung mit Flächenelementen neue Kurvenelemente zu definieren.

Eine neue Linie oder ein neuer Kurvenzug kann als Schnittlinie zweier Flächen erzeugt werden. Durch die Möglichkeit, Linien oder Kurven auf eine Fläche zu projizieren, entstehen ebenfalls neue Kurvenelemente. Genauso kann durch die Projektion eines Punktes auf eine Fläche ein neues Punktelement erzeugt oder der Schnittpunkt einer Linie mit einer Ebene als Punktelement definiert werden.

In diesem Baustein lernen Sie die wichtigsten Möglichkeiten des räumlichen Arbeitens mit Punkten sowie mit zwei- und dreidimensionalen Linienelementen kennen.

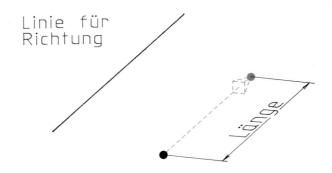

Bild 1: Vektorpunkt (Richtung und Abstand)

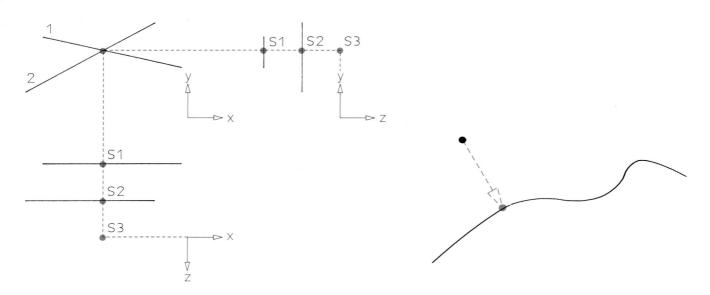

Bild 2: Schnittpunkt

**Bild 3: Normalenpunkt
auf Kurve**

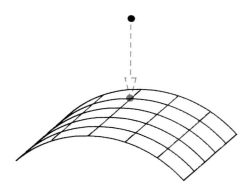

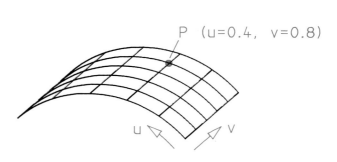

**Bild 4: Normalenpunkt
auf Fläche**

**Bild 5: Teilungspunkt
auf Fläche**

Zur Erzeugung von Punkten stehen beim Arbeiten mit einem 3D-CAD-System alle Möglichkeiten eines 2D-Systems zur Verfügung. Das heißt, Punkte können durch Koordinateneingabe bestimmt oder es können Endpunkte, Mittelpunkte, Tangentialpunkte, Lotfußpunkte und Teilungspunkte von Elementen benutzt werden.

Zusätzlich gibt es einige Punktbestimmungsarten, die sich aus 3D-Geometrie-Elementen ableiten, z. B. aus Flächen oder 3D-Kurven.

Punkt mit Richtung und Abstand von einem Punkt

Bei dieser Punktbestimmungsart wird zunächst ein vorhandener Punkt identifiziert. Danach wird die **Richtung**, in der der neue Punkt zu diesem liegen soll, bestimmt. Das geschieht durch Identifizieren einer vorhandenen Linie. Nach Eingabe des **Abstandes** zum neuen Punkt wird ein Vektor mit der Richtung der Geraden und dem eingegebenen Abstand als Länge ermittelt. Durch Abtragen dieses Vektors vom vorhandenen Punkt entsteht der gewünschte Punkt (Bild 1).

Schnittpunkt

Beim dreidimensionalen Arbeiten kann neben dem Schnittpunkt zweier sich schneidender Linienelemente auch der scheinbare Schnittpunkt zweier Elemente, die sich nicht berühren, der sich aber bei der Betrachtung in einer Ansicht ergibt, erzeugt werden. Dabei gibt es verschiedene Möglichkeiten für die Lage des Schnittpunktes im Raum, da in der gewählten Ansicht keine Aussage über die Tiefe (z-Richtung im Bildschirmkoordinatensystem) gemacht wird.
Deswegen kann man bei der Erzeugung des Schnittpunktes auswählen, in welcher Tiefe der Punkt liegen soll (Bild 2), z. B.

– auf dem ersten Linienelement (S1),
– auf dem zweiten Linienelement (S2) oder
– in der augenblicklichen Arbeitstiefe (S3).

Normalenpunkt (Lotfußpunkt)

Wenn man von einem beliebigen Punkt im Raum die kürzeste Verbindung zu einer Fläche zieht, entsteht auf dieser Fläche der Lotfußpunkt oder **Normalenpunkt**, da die Verbindung der beiden Punkte dem Normalenvektor der Fläche entspricht (Bild 3). Genauso kann von einem Punkt das Lot auf eine im Raum verlaufende Kurve gefällt werden (Bild 4).

Teilungspunkt auf einer Fläche

Jedes Flächenelement kann mit einem Netz von Flächenlinien belegt werden, um seine Darstellung zu verdeutlichen. Die beiden Laufrichtungen dieses Liniennetzes werden mit u und v bezeichnet. u und v sind Variablen, die Werte zwischen 0 und 1 annehmen können. Durch Eingabe eines (u, v)- Wertepaares läßt sich jeder beliebige Punkt auf der Fläche beschreiben (Bild 5).

B

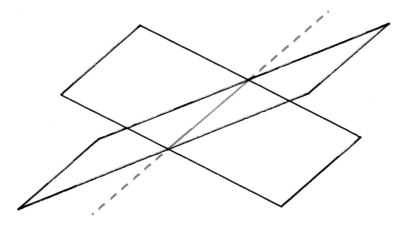

Bild 1: Schnittlinie zweier Flächen

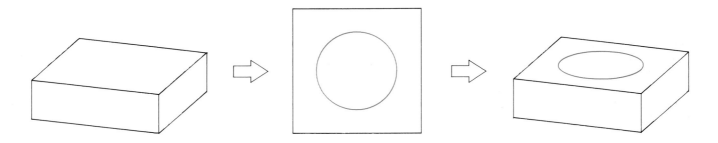

**Bild 2: Erzeugen eines Kreises mit
Wechsel der Arbeitsansicht**

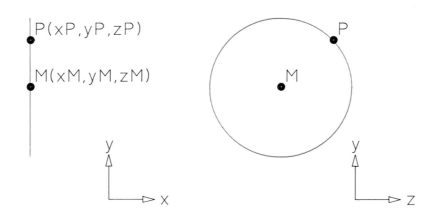

**Bild 3: Erzeugen eines Kreises normal
zur Bildschirmebene**

Linien

Neben der Erzeugung von Linien, wie sie bei 2D-CAD-Systemen üblich ist, z. B. durch Koordinateneingaben oder durch Identifizieren vorhandener Punkte als Anfangs- und Endpunkt, gibt es bei 3D-Systemen noch eine weitere wichtige Möglichkeit zur Liniendefinition: man kann die Schnittgerade zweier ebener Flächen definieren. Dies geschieht durch Identifizieren der beiden Flächen (Bild 1). Der Rechner ermittelt dann die Schnittgerade und stellt sie als eigenständiges Linienelement dar.

Kreise

Kreise lassen sich bei 3D-CAD-Systemen in der Bildschirmebene mit den 2D-Kreisfunktionen erzeugen. Will man einen Kreis erzeugen, der eine bestimmte Lage im Raum einnimmt, ist es erforderlich, vorher eine Ansicht des Modells zu definieren, in der die Bildschirmebene der Ebene entspricht, in der der Kreis gezeichnet werden soll (Bild 2).

Eine weitere Möglichkeit der Kreisdefinition bietet eine Funktion, mit der ein Kreis **normal** zur Bildschirmebene erzeugt werden kann. Nach Angabe des Mittelpunktes und eines Punktes auf dem Kreis wird dieser gezeichnet. Dabei erscheint er in der Ansicht, in der man arbeitet, nur als Strich, da er senkrecht zur Bildschirmebene liegt. Bei der Betrachtung in anderen Ansichten wird er als Kreis sichtbar (Bild 3).

Die Vorgehensweise beim Erzeugen von **Kreisbögen** ist identisch mit der Definition von Kreisen, jedoch noch ergänzt um die Bestimmung des **Anfangs- und Endwinkels**.

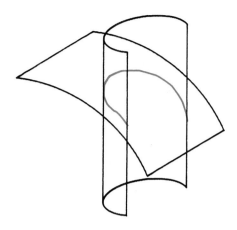

Bild 1: Schnittkurve zweier Flächen

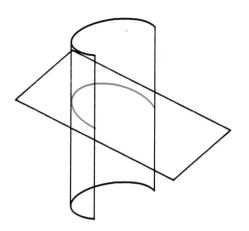

**Bild 2: Analytische Schnittkurve
zweier Flächen**

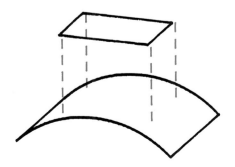

**Bild 3: Projektion einer ebenen Kurve
auf eine Fläche**

B

Schnittkurven

Wenn sich zwei Flächen im Raum schneiden, entsteht eine Schnittkurve, die im allgemeinen als Spline dargestellt werden kann. Durch Identifizieren der beiden Flächen wird diese Schnittkurve erzeugt (Bild 1). Sie kann nun unabhängig von den Flächen, aus denen sie entstanden ist, zur weiteren Zeichnungserstellung verwendet werden.
Die Beschreibung der Schnittkurve erfolgt immer als Spline, auch in den Sonderfällen, in denen eigentlich analytische Elemente entstehen, zum Beispiel Kegelschnitte oder gerade Linien (Bild 2).

Schnittkurven zwischen Flächen oder Oberflächen von Körpern werden in allen 3D-CAD-Systemen berechnet. Bei vielen Systemen werden sie nicht als eigenständige Elemente dargestellt, sondern nur als Randkurve der sich schneidenden Flächen benötigt.

Projizierte Kurven

Zweidimensionale Kurven oder Linienzüge können durch eine entsprechende Funktion auf eine beliebige gekrümmte Fläche projiziert werden (Bild 3). Dabei werden diese Elemente systemintern in einen 3D-Spline umgewandelt. Diese Projektionskurven können als eigenständige Elemente unabhängig von der Projektionsfläche gehandhabt werden. Sie kommen nur bei CAD-Systemen mit kombiniertem Kanten-/Flächenmodell vor.

1) Gegeben sei folgender Körper:

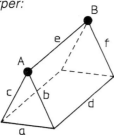

An der Stelle A liegt ein 3D-Punkt. Sie wollen Punkt B ebenfalls als 3D-Punkt erzeugen. Wie gehen Sie vor? Die Länge des dreieckigen Stabes beträgt 50 mm.

_____

_____

_____

2) Gegeben sei folgendes Flächensegment:

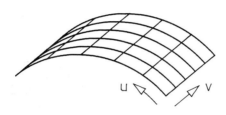

Wo liegt der Teilungspunkt (u = 0,2; v = 0,6)?

3) Welche beiden Möglichkeiten gibt es in 3D, Kreise zu zeichnen?

_____

_____

_____

_____

Baustein 2: Flächenelemente

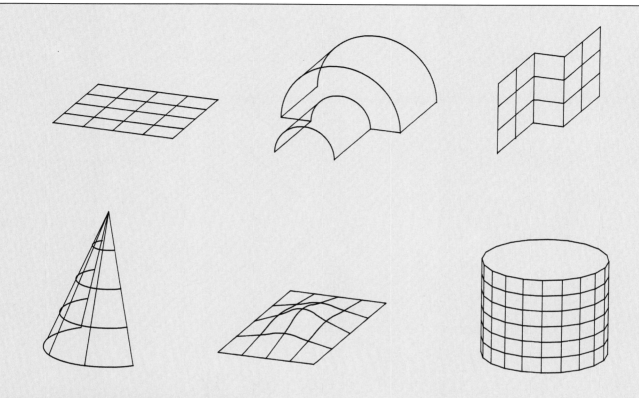

Bild: verschiedene Flächentypen

Dieser Baustein behandelt die Grundelemente zur Geometriebeschreibung, die bei einem Flächenmodell vorhanden sind. Dabei handelt es sich um verschiedene Arten von Flächen, die aus vorhandenen Elementen oder durch Eingabe von Werten erzeugt werden. Sie reichen von ebenen Flächen bis hin zu komplizierteren Elementen wie Kugel, Zylinder, Kegel, Rotationsfläche oder projizierte Fläche.

Bei der Ausgabe auf den Bildschirm wird eine Fläche durch verschiedene begrenzende Linien sichtbar gemacht, die jedoch keine **Kurvenelemente** darstellen.

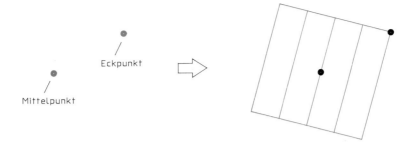

Bild 1: Die Ebenendarstellung wird durch Mittelpunkt und Eckpunkt bestimmt.

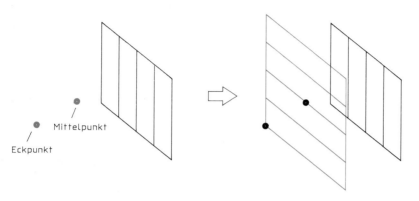

Bild 2: Eingabe eines Abstandes und einer parallelen Ebene

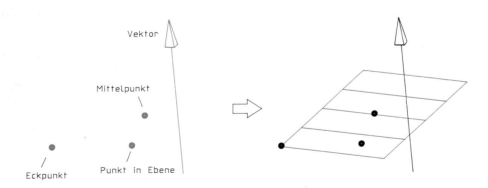

Bild 3: Eingabe eines Punktes und eines Vektors

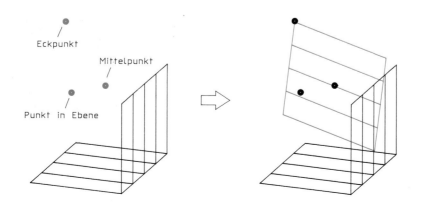

Bild 4: Eingabe eines Punktes und zweier Ebenen

Ebene

Mit der Funktion **Ebene** wird eine ebene Fläche von **unendlicher** Ausdehnung in Längen- und Breitenrichtung erzeugt. In einer Ansicht, in der diese parallel zur Bildschirmebene liegt, wird sie als **endliche quadratische** Fläche dargestellt.

Es gibt verschiedene Möglichkeiten, eine Ebene zu erzeugen. Bei allen müssen dem System zunächst die Parameter mitgeteilt werden, um die genaue Lage der Ebene zu beschreiben. Anschließend wird durch Angabe des Mittelpunktes und eines Eckpunktes das darzustellende Quadrat festgelegt (Bild 1).

Allgemein ist eine Ebene die Menge aller Punkte, die die Gleichung

$$Ax + By + Cz + D = 0$$

erfüllen. Die Koeffizienten A, B, C sind dabei die Koordinaten des Normalenvektors der Ebene. Der Wert D gibt den kürzesten Abstand der Ebene vom Koordinatenursprung an.
Bei den nachfolgend beschriebenen Möglichkeiten zur Ebenenerzeugung werden diese Koeffizienten entweder direkt eingegeben oder aus anderen Eingaben (Digitalisieren, Identifizieren) errechnet.

Eingabe von 3 Punkten

Eine Ebene wird durch Identifizieren dreier Punkte beschrieben. Diese 3 Punkte dürfen nicht auf einer Linie liegen. Sie müssen vorher als Elemente vom Typ Punkt erzeugt worden sein.

Eingabe eines Punktes und einer parallelen Ebene

Mit dieser Funktion ist die Definition einer Ebene, die parallel zu einer vorgegebenen Ebene verläuft, möglich. Der Abstand wird durch Identifizieren eines Punktes festgelegt.

Eingabe eines Abstandes und einer parallelen Ebene

Eine Ebene wird parallel zu einer vorgegebenen Ebene definiert. Diese Ebene wird identifiziert und der Abstand als Wert eingegeben (Bild 2).

Eingabe eines Punktes und eines Vektors

Definition einer Ebene durch Identifizieren eines Punktes und eines Vektors. Der Vektor bildet den Normalenvektor der Ebene. Der Punkt bestimmt die Lage der Ebene (Bild 3).

Eingabe zweier Punkte und einer senkrechten Ebene

Eine Ebene wird durch Identifizieren von zwei Punkten und einer vorgegebenen Ebene definiert. Die neue Ebene verläuft senkrecht zu der vorgegebenen Ebene und durch die beiden Punkte.

Eingabe eines Punktes und zweier senkrechter Ebenen

Eine Ebene wird durch Identifizieren eines Punktes und zweier Ebenen definiert. Die neue Ebene verläuft senkrecht zu den beiden vorgegebenen Ebenen. Die Lage der Ebene wird durch den Punkt bestimmt (Bild 4).

Koeffizienteneingabe

Eine Ebene wird durch Eingabe der Koeffizienten nach der Gleichung $Ax + By + Cz + D = 0$ definiert. Dabei können die Koeffizienten entweder im Bildschirmkoordinatensystem oder im Modellkoordinatensystem benutzt werden.

In der Praxis wird diese Art der Eingabe selten benötigt, da die einzelnen Koeffizienten meistens nicht bekannt sind, wenn eine Ebene konstruiert wird.

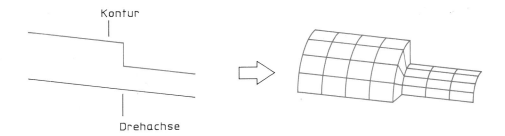

Bild 1: Rotation um 90° (offene Fläche)

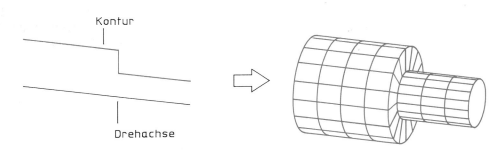

Bild 2: Rotation um 360° (geschlossene Fläche)

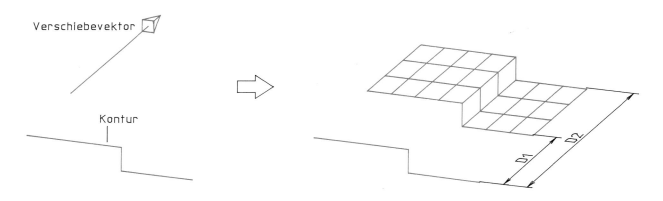

Bild 3: Translation

Rotationsfläche, Translationsfläche

Rotationsflächen sind Flächen, die durch Rotation einer Kurve um eine Linie entstehen. Diese Kurve kann ein beliebiges einzelnes Element, z.B. Linie, Kreisbogen, Spline, sein oder aus mehreren Elementen, die zu einer Kontur zusammengefügt sind, bestehen.

Eine Rotationsfläche wird erzeugt durch Identifizieren der Kontur, Identifizieren der Linie, um die gedreht werden soll, und Eingabe des Anfangs- und Endwinkels der Rotation. Dadurch muß keine vollständige Drehung um 360° stattfinden, sondern es kann ein beliebiges offenes Teilstück einer rotationssymmetrischen Fläche erzeugt werden (Bild 1). Ein Anfangswinkel von 0° und ein Endwinkel von 360° ergeben eine geschlossene Fläche (Bild 2).

Translationsflächen sind Flächen, die durch Verschieben einer Kurve in den Raum entlang einer Linie oder eines Vektors entstehen. Wie bei der Erzeugung von Rotationsflächen kann die Kurve aus einem Element oder aus einem Konturzug bestehen (Bild 3).

Nach Identifizieren der Ausgangskurve und Festlegen der Richtung können der Anfangsabstand (D1) und der Endabstand (D2) der zu generierenden Fläche von der Kurve eingegeben werden. Die Richtung der Verschiebung wird durch Identifizieren einer Linie oder eines Vektors bestimmt. Diese Linie braucht die Ausgangskurve nicht zu berühren, sondern kann in beliebiger Entfernung liegen, da für die Translation nur ihre Richtung, nicht aber ihre Lage übernommen wird. Für die Abstände können sowohl positive als auch negative Werte eingegeben werden. Als positive Richtung wird dabei stets die Richtung des identifizierten Vektors oder, falls eine Linie identifiziert wurde, die Richtung, in die das identifizierte Ende der Linie zeigt, angenommen.

Anstatt einen vorhandenen Vektor zu identifizieren, kann der Verschiebevektor auch durch Werteingabe seiner Koordinaten bestimmt werden.

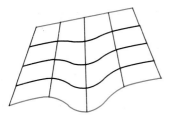

Bild 1: Regelfläche

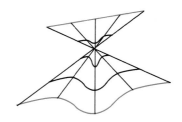

Bild 2: Regelfläche (verdreht)

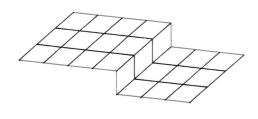

**Bild 3: Projektion einer Kurve
in die Tiefe**

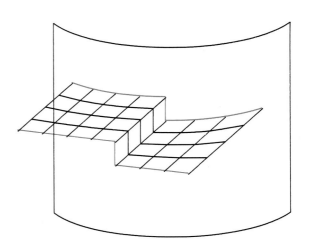

**Bild 4: Projektion einer Kurve
auf eine Fläche**

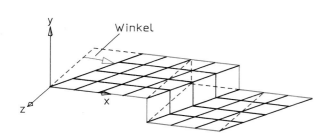

**Bild 5: Projektion einer Kurve
in die Tiefe mit Winkel**

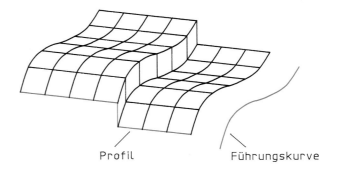

**Bild 6: Profilfläche entlang
einer Kurve**

Regelfläche

Eine Regelfläche wird erzeugt, indem zwei Kurven durch gerade Linien miteinander verbunden werden; also vom Anfangspunkt der ersten zum Anfangspunkt der zweiten Kurve und vom Ende der ersten zum Ende der zweiten Kurve. Dazwischen kann man sich unendlich viele weitere gerade Verbindungslinien vorstellen, die zusammen die Form der Regelfläche ergeben (Bild 1).

Als Berandungskurven für die Bestimmung einer Regelfläche können Einzelelemente oder zusammengesetzte Kurven verwendet werden. Beim Identifizieren der Kurven muß jeweils am Kurvenende identifiziert werden. Die beiden identifizierten Enden werden dann verbunden. Identifiziert man zwei Enden, die nicht auf der gleichen Seite liegen, entsteht eine verdrehte Fläche (Bild 2).

Projektionsfläche

Projektionsflächen sind Regelflächen, die durch Projektion einer Kurve in die Tiefe (z-Richtung des Bildschirmkoordinatensystems) oder auf eine vorhandene Fläche erzeugt werden. Nachdem eine Kurve identifiziert ist, wird sie vom System in eine Folge von Punkten zerlegt. Diese Punkte werden dann in die Tiefe (Bild 3) bzw. auf eine identifizierte Fläche (Bild 4) projiziert. Durch Verbindung der Punkte entsteht die neue Fläche. Die Genauigkeit dieser Operation, d.h. die Anzahl der Punkte, kann vorgewählt werden. Die Projektionsrichtung kann zusätzlich durch die Angabe eines Winkels verändert werden (Bild 5).

Profilfläche entlang einer Kurve

Es ist möglich, eine Fläche zu definieren, die durch das Verschieben eines Profils entlang einer Führungskurve entsteht. Das Profil kann ein beliebiges Element oder ein Konturzug sein, die Führungskurve ebenfalls. Die Führungskurve kann beliebig im Raum liegen; die Verschiebung erfolgt unabhängig davon immer von der Profilkurve ausgehend parallel zur Führungskurve.

B

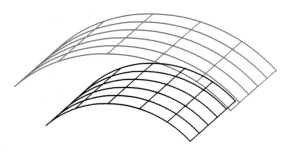

Bild 1: Äquidistante Fläche

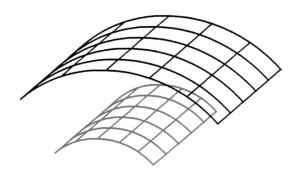

**Bild 2: Äquidistante Fläche
(in entgegengesetzte Richtung)**

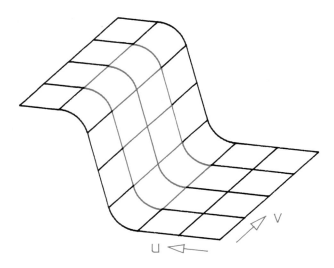

Bild 3: Flächensegment

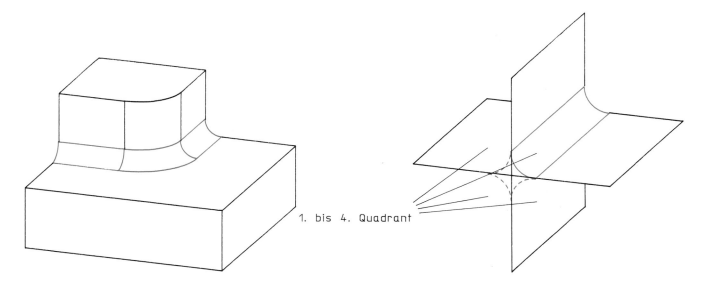

**Bild 4: Ausrundungsfläche
(Filletfläche)**

**Bild 5: Die vier Varianten einer
Ausrundungsfläche**

1. bis 4. Quadrant

Äquidistante Flächen

Zu einer existierenden Fläche kann eine zweite Fläche in einem vorzugebenden Abstand erzeugt werden. Der Abstand ist dabei auf die Flächennormale bezogen. Das heißt für alle gekrümmten Flächen, daß die neue Fläche, je nachdem, auf welcher Seite und in welchem Abstand sie liegt, entweder schwächer oder stärker gekrümmt ist (Bild 1, Bild 2).

Flächensegment (Ausschnitt)

Mit einer speziellen Funktion kann ein Teil aus einer vorhandenen Fläche als neue Fläche definiert werden (Bild 3). Der gewünschte Ausschnitt der Teilfläche kann durch Angabe der entsprechenden Richtungsparameter u und v bestimmt werden, mit denen zwei diagonale Eckpunkte der Teilfläche festgelegt werden (siehe B 1.3 Teilungspunkt auf Fläche). Die neue Fläche liegt genau in der Ausgangsfläche, kann aber als eigenständiges Element weiterverarbeitet werden.

Ausrundungsfläche (Filletfläche)

Die Ausrundungsfläche ist eine Fläche mit konstantem Radius und tangentialem Übergang entlang der Schnittkurve zweier Flächen. Das System erzeugt die Ausrundungsfläche, indem eine gedachte Kugel zwischen den beiden Flächen abgerollt wird (Bild 4).
Nach Identifizieren der beiden Flächen wird zuerst deren Schnittkurve generiert. Die zu erzeugende Ausrundungsfläche kann sich nun in vier Quadranten befinden (Bild 5). Der Quadrant, in dem die Ausrundungsfläche liegen soll, muß festgelegt werden. Dies geschieht durch Angabe eines Punktes im gewünschten Quadranten. Danach werden in diesem Quadranten drei **Kurven** erzeugt:

– die Mittelpunktskurve der Kugel,
– die Tangentenkurve der Kugel mit der ersten Fläche
– die Tangentenkurve der Kugel mit der zweiten Fläche.

Schließlich wird mit Hilfe dieser Kurven die Ausrundungsfläche definiert und am Bildschirm dargestellt.

B

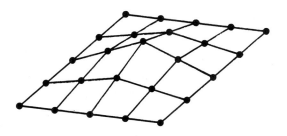 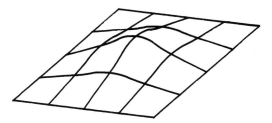

**Bild 1: Flächendefinition aus einem
Satz von Punkten**

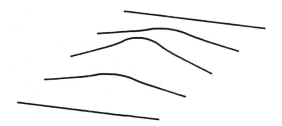 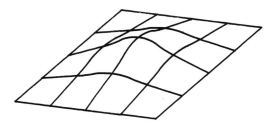

**Bild 2: Flächendefinition aus einer
Familie von Kurven**

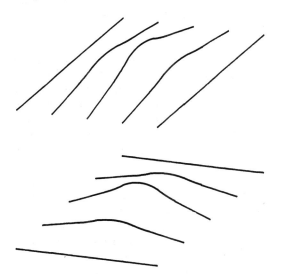 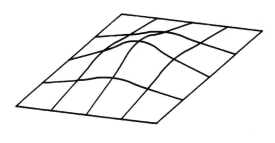

**Bild 3: Flächendefinition aus zwei
Familien von Kurven**

Für viele Anwendungen, beispielsweise im Turbinenbau, Schiffbau oder Flugzeugbau, sind analytisch beschreibbare Flächenelemente zur Konstruktion ungeeignet oder nicht ausreichend. Deshalb werden die gewünschten Oberflächen stückweise aus kleinen, einfacheren Teilen (Pflaster oder Patches) zusammengesetzt und in dieser Form vom Rechner weiterverarbeitet.

Zur Beschreibung solcher geglätteter Oberflächen werden die gleichen mathematischen Darstellungstechniken wie bei der Beschreibung von Splines (Freiformkurven) verwendet.

Daraus folgend können Freiformflächen auf verschiedene Arten definiert werden:

- aus einem Satz von Punkten (Bild 1),
- aus einer Familie von Kurven (Bild 2),
- aus zwei Familien von Kurven (Bild 3).

Die am häufigsten benutzten Freiformflächen sind:

- COONS-Flächen
- BEZIER-Flächen
- B-Spline-Flächen

COONS-Flächen

Die COONS-Fläche ist ein Spezialfall der Flächendefinition durch zwei Kurvenfamilien. Bezeichnet man die Richtungen der beiden Kurvenfamilien als u und v, dann wird aus den Kurven in u-Richtung und den Kurven in v-Richtung jeweils eine Fläche interpoliert und durch Überlagerung dieser beiden Flächen die endgültige Fläche erzeugt. Die **Eingabe** der Kurvenfamilien kann erfolgen durch:

- Identifizieren von **vorhandenen Kurven**
- Eingabe von **Punkten** und Tangentenvektoren in diesen Punkten, aus denen vom System dann die entsprechenden Kurven erzeugt werden.

BEZIER-Flächen

Bei der Flächenapproximation nach BEZIER werden die einzelnen Flächenpflaster durch Punkte bestimmt. Verbindet man diese Punkte geradlinig miteinander (Bild 1), so spannen sie ein räumliches Polygonnetz auf. Die eingegebenen Punkte liegen im allgemeinen nicht auf der Fläche und werden deshalb als **Stützstellen** bezeichnet. Aus den Polygonseitenkanten wird durch Anwendung mathematischer Operationen der Verlauf der gekrümmten Freiformfläche angenähert. Diese Operationen entsprechen der Erzeugung von BEZIER-Kurven aus Polygonpunkten im 2D-Bereich. Um die Genauigkeit einer BEZIER-Fläche zu erhöhen, lassen sich nachträglich zusätzliche Stützstellen einfügen. Die Flächenform wird anschließend nochmals neu berechnet.

B-Spline-Flächen

Die Approximation von B-Spline-Flächen erfolgt wie bei der BEZIER-Fläche aus einem Satz von Punkten. Diese Punkte dienen auch hier als Stützstellen und liegen nicht direkt auf der Fläche. Zur Berechnung der Fläche aus diesen Stützstellen kann man allgemein sagen, daß das bei B-Splines angewandte Verfahren eine Fläche liefert, die sich stärker an dem eingegebenen Polygonnetz orientiert als eine BEZIER-Fläche. B-Spline-Flächen können ebenfalls durch Einfügen von Stützstellen nachträglich modifiziert werden.

Vor- und Nachteile der Verfahren

COONS-Flächen bieten dem geübten Benutzer eine sehr genaue Möglichkeit der Flächenerzeugung, da einzelne Punkte auf der Fläche und die Steigung der Fläche in diesen Punkten durch Tangentenvektoren direkt eingegeben werden können. Der Nachteil dieses Verfahrens ist, daß es sehr rechenintensiv ist und erzeugte Flächen nicht nachträglich durch Einfügen weiterer Punkte modifiziert werden können. Deswegen wird dieses Verfahren in der Praxis nur dann eingesetzt, wenn es auf hohe Genauigkeit ankommt.

BEZIER-Flächen bieten als Vorteile eine einfache Definition durch Polygonpunkte und die Erzeugung von Pflastern ohne Angabe von Tangentenvektoren. Die stark glättende Wirkung der BEZIER-Approximation bewirkt, daß bei ungenau plazierten Stützstellen keine Beulen oder Buckel entstehen.
Die glättende Wirkung kann sich jedoch auch als Nachteil auswirken, wenn eine stark gekrümmte Fläche gewünscht wird. Dies läßt sich dann nur über eine wesentlich größere Anzahl von Stützstellen erreichen, wodurch der Eingabe- und Rechenaufwand stark ansteigt. Dennoch wird das BEZIER-Verfahren bei vielen CAD-Systemen eingesetzt.

Der Vorteil von **B-Spline-Flächen** liegt darin, daß sich das Ergebnis der approximierten Freiformfläche einfacher durch die Eingabe von Punkten vorbestimmen läßt als bei den anderen Verfahren. Sind dennoch Korrekturen an der Fläche erforderlich, so lassen sich diese durch Einfügen von zusätzlichen Punkten durchführen. Der Flächenverlauf ändert sich hierbei nur im Bereich der eingegebenen Punkte und nicht wie bei der BEZIER-Fläche über die Gesamtfläche. Durch Parametereinstellung können verschiedene Approximationseigenschaften beeinflußt werden.
Aufgrund dieser Vorteile sind B-Spline-Flächen für die meisten Anwendungen mit Freiformflächen am besten geeignet. Dementsprechend werden sie auch von den meisten CAD-Systemen angeboten.

B

Aufgaben zum Baustein „Flächenelemente"

1) Wie lautet die Gleichung einer Ebene? Welche Bedeutung besitzen die Werte A, B, C und D?

_____

_____

_____

2) Nennen Sie fünf Möglichkeiten, eine Ebene zu definieren.

_____

_____

_____

_____

_____

3) Was ist zu beachten, wenn man mit drei Punkten eine Ebene definieren will?

_____

4) Wie wird eine Rotationsfläche erzeugt?

_____

_____

5) Was versteht man unter Translationsflächen?

_____

_____

6) Erzeugen Sie einen Zylinder durch Translation der gegebenen Kreisfläche in den Raum.

   Höhe des Zylinders: $D_2 - D_1$
   Abstand der 1. Deckfläche D_1

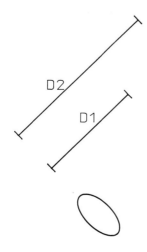

7) Was versteht man unter einer Regelfläche?

_____

8) Welche der folgenden Flächen ist eine Regelfläche?

a)   b) 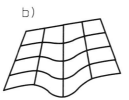   c)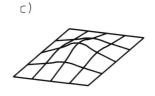

9) Wie verändert sich die Krümmung bei äquidistanten Flächen?   ja   nein

   Die Krümmung ändert sich nicht

   Weiter außen liegende Flächen sind stärker gekrümmt

   Weiter innen liegende Flächen sind stärker gekrümmt

10) Wodurch wird die gewünschte Ausrundungsfläche unter den vier möglichen Ausrundungsflächen ausgewählt?

_____

11) Welches sind die drei wichtigsten Arten von Freiformflächen?

_____

_____

_____

Baustein 3: Volumenelemente

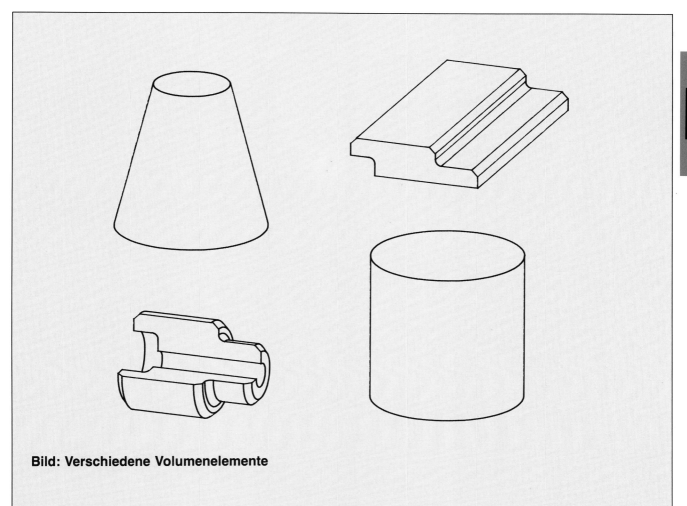

Bild: Verschiedene Volumenelemente

Beim Arbeiten an einem 3D-Volumenmodell können Körper auf verschiedene Arten erzeugt und miteinander kombiniert werden. Dabei unterscheidet man zwischen Arbeitstechniken, die rein mit dreidimensionalen Eingaben operieren und Techniken, bei denen ein dreidimensionaler Körper aus zweidimensionalen, ebenen Flächen, die im Raum bewegt werden, entwickelt wird.

Dieser Baustein zeigt Ihnen die verschiedenen Arten von Grundkörpern und deren Erzeugung. Der Schwerpunkt des Bausteins liegt dabei auf dem Arbeiten mit einem **Vollkörpermodell**, das im Vergleich mit dem Begrenzungsflächenmodell mit einem einzigen Kommando einen Körper erzeugt, während beim **Begrenzungsflächenmodell** alle Einzelflächen zuerst erzeugt und dann zusammengefügt werden müssen.

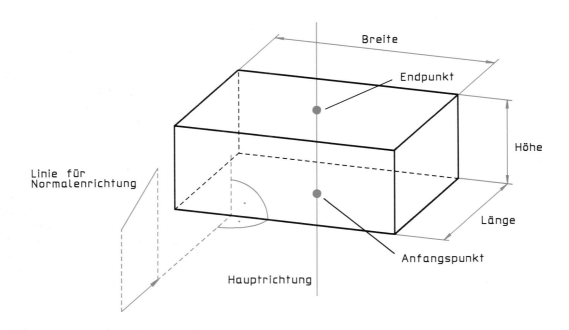

Bild 1: Quader

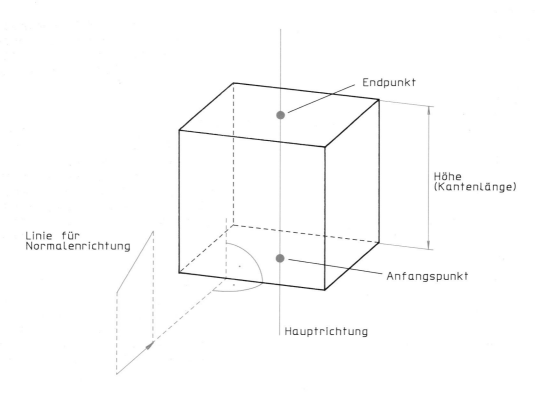

Bild 2: Würfel

B

Quader

Mit der Funktion „Quader" wird ein Quader von beliebiger Höhe, Breite, Länge und Ausrichtung im Raum erzeugt.

Durch eine Reihe von Angaben kann die Größe und Position des Quaders beeinflußt werden. Nicht alle möglichen Angaben sind zur Definition erforderlich. Es liegt im Ermessen des Konstrukteurs, mit welchen Parametern die Lage und Größe des Quaders bestimmt wird, wobei er die gegenseitige Abhängigkeit der Angaben berücksichtigen muß. Fehlt zum Beispiel die Angabe einer Richtung, verwendet das System stattdessen die z-Achse des Koordinatensystems, fehlt die Angabe eines Anfangspunktes, verwendet das System den Koordinatenursprung. Folgende Angaben sind möglich (Bild 1):

– Anfangspunkt
Unter dem Anfangspunkt wird der Mittelpunkt der Bodenfläche des Quaders verstanden. Er kann durch eine beliebige Punkteingabe, also durch Koordinateneingabe oder durch Digitalisieren eines Punktes bestimmt werden. Wird kein Anfangspunkt gewählt, so verwendet das System den Koordinatenursprung als Anfangspunkt.

– Endpunkt
Der Endpunkt bestimmt den Mittelpunkt der Quaderoberseite. Durch die Verbindung von Anfangspunkt und Endpunkt ermittelt der Rechner die Höhe und die Hauptrichtung des Quaders.

– Breite
Die Breite des Quaders wird per Tastatur eingegeben. Diese Angabe muß gemacht werden, um den Quader zu definieren.

– Länge
Die Länge wird ebenfalls per Tastatur eingegeben und ist wie die Breite auch zwingend erforderlich.

– Höhe
Die Eingabe der Höhe kann zusätzlich erfolgen. Sie wird entlang der Mittelachse des Quaders gemessen, die entweder durch Anfangs- und Endpunkt oder durch Angabe der Richtung festgelegt wird.

– Richtung
Anstelle der Bestimmung der Mittelachse durch Anfangs- und Endpunkt kann deren Richtung direkt durch Angabe einer Koordinatenachse, einer Linie oder eines Vektors festgelegt werden.

– Normalenrichtung
Der Quader ist in seiner Drehlage um die Mittelachse noch nicht festgelegt. Dies geschieht durch Angabe einer Linie, deren Projektion auf die Bodenseite den Normalenvektor auf die durch Breite und Höhe aufgespannte Fläche des Quaders bildet.

Würfel

Mit der Funktion „Würfel" wird ein Würfel mit frei wählbarer Seitenlänge, und Ausrichtung erzeugt. Ähnlich wie beim Quader gibt es eine ganze Reihe von Definitionsmöglichkeiten, aus denen man die geeigneten auswählen kann, um den gewünschten Würfel zu erzeugen. Dazu können die folgenden Angaben benutzt werden (Bild 2):

– Anfangspunkt
Der Anfangspunkt gibt den Mittelpunkt der Bodenseite des Würfels an. Wird er nicht angegeben, verwendet das System den Koordinatenursprung.

– Endpunkt
Der Endpunkt bestimmt den Mittelpunkt der Oberseite des Würfels. Er bildet zusammen mit dem Anfangspunkt die Mittelachse des Würfels und legt somit die Seitenlänge und die Hauptrichtung fest.

– Höhe
Durch Angabe einer Höhe wird die Seitenlänge des Würfels festgelegt. Wenn vorher durch Angabe von Anfangs- und Endpunkt bereits eine Seitenlänge definiert wurde, wird diese durch Angabe einer Höhe ungültig.

– Richtung
Anstelle der Festlegung einer Hauptrichtung durch Anfangs- und Endpunkt kann diese Richtung auch direkt eingegeben werden. Dies geschieht durch Angabe einer Koordiantenachse (des Modell- oder Arbeitskoordinatensystems), einer Linie oder eines Vektors. Wird weder eine Richtung noch Anfangs- und Endpunkt angegeben, so verwendet das System die z-Achse des Modellkoordinatensystems als Hauptrichtung.

– Normalenrichtung
Nach Festlegung der Hauptrichtung ist der Würfel um diese Hauptachse noch frei drehbar. Die Drehlage wird durch Angabe einer Linie bestimmt, deren Projektion auf die Unterseite des Würfels den Normalenvektor einer Seitenfläche des Würfels bildet.

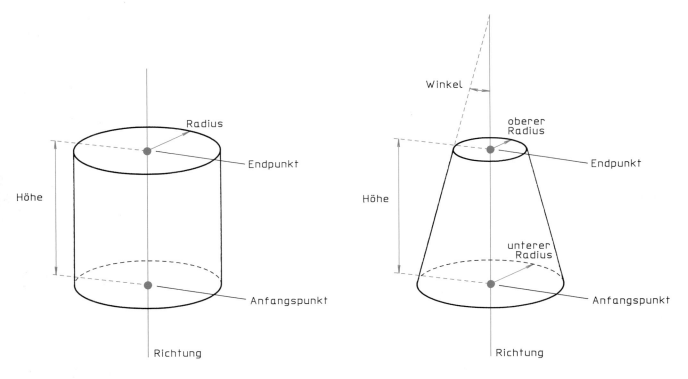

Bild 1: Zylinder

Bild 2: Kegel (Kegelstumpf)

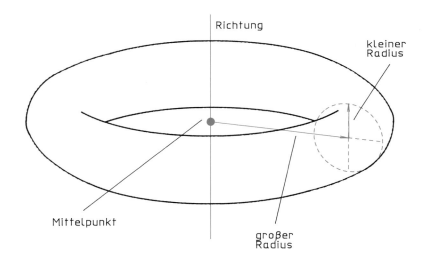

Bild 3: Torus

B

Zylinder

Ein zylindrischer Körper kann in beliebiger Größe erzeugt werden. Dazu stehen verschiedene Parameter zur Auswahl (Bild 1):

– **Anfangspunkt**

Der Mittelpunkt der Bodenfläche des Zylinders wird angegeben.

– **Endpunkt**

Der Mittelpunkt der Oberseite des Zylinders wird angegeben. In Verbindung mit dem Anfangspunkt ist dadurch die Lage der Mittelachse des Zylinders und seine Höhe definiert.

– **Höhe**

Die Höhe kann auch direkt eingegeben werden. In diesem Fall wird eine durch den Anfangs- und den Endpunkt festgelegte Höhe ungültig.

– **Richtung**

Durch Angabe einer Koordinatenachse, einer Linie oder eines Vektors kann die Richtung des Zylinders festgelegt werden, wenn kein Anfangs- und Endpunkt eingegeben wurde.

– **Radius**

Der Radius des Zylinders muß in jedem Fall eingegeben werden.

Kegel

Mit der Funktion „Kegel" läßt sich ein Kegel oder ein Kegelstumpf erzeugen. Die Abmessungen, die Lage des Kegels und die Entscheidung, ob ein Kegel oder ein Kegelstumpf erzeugt wird, hängen von den Eingaben des Bedieners ab, für die es folgende Möglichkeiten gibt (Bild 2):

– **Anfangspunkt**

Der Anfangspunkt legt den Mittelpunkt der Kegelunterseite fest. Wird er nicht eingegeben, benutzt das System den Koordinatenursprung.

– **Endpunkt**

Der Endpunkt gibt die Spitze des Kegels bzw. den Mittelpunkt der Oberseite des Kegelstumpfes an und legt damit seine Mittelachse und Höhe fest.

– **Radius unten**

Der Radius der Kegelunterseite muß angegeben werden.

– **Radius oben**

Mit dieser Angabe wird festgelegt, ob ein Kegel oder ein Kegelstumpf erzeugt wird. Wird keine Angabe gemacht oder der Wert 0 eingegeben, wird

ein Kegel erzeugt. Gibt man einen Radius ein, wird ein Kegelstumpf erzeugt, dessen Oberseite den eingegebenen Radius besitzt.

– **Richtung**

Anstelle von Anfangs- und Endpunkt kann die Richtung der Mittelachse des Kegels auch durch direkte Angabe einer Koordinatenachse, einer Linie oder eines Vektors festgelegt werden.

– **Höhe**

Die gewünschte Höhe des Kegels bzw. Kegelstumpfs kann direkt angegegeben werden. Aus der Höhe und den eingegebenen Radien wird der Kegelwinkel ermittelt.

– **Winkel**

Anstelle der Höhe kann auch der Halbwinkel der Kegelspitze vorgegeben werden. Die Höhe wird dann aus dem Winkel und den eingegebenen Radien ermittelt.

Kugel

Mit der Funktion „Kugel" wird ein Kugelkörper von beliebigem Radius erzeugt. Dazu sind lediglich zwei Angaben erforderlich:

– **Mittelpunkt**

Durch eine beliebige Punkteingabe (Digitalisieren, Identifizieren, Koordinateneingabe) muß der Kugelmittelpunkt bestimmt werden.

– **Radius**

Der Radius der Kugel muß eingegeben werden.

Torus

Ein Torus ist ein ringförmiger Körper, bei dem der Querschnitt des Ringes aus einer Kreisfläche besteht. Er wird aus folgenden Angaben erzeugt (Bild 3):

– **Mittelpunkt**

Durch eine beliebige Punkteingabe muß der Torusmittelpunkt bestimmt werden.

– **Richtung**

Die Richtung der Mittelachse des Torus wird durch Angabe einer Koordinatenachse, einer Linie oder eines Vektors bestimmt.

– **Großer Radius**

Unter dem großen Radius versteht man den mittleren Krümmungsradius des Ringes.

– **Kleiner Radius**

Als kleiner Radius muß der Radius der Querschnittsfläche des Ringes eingegeben werden.

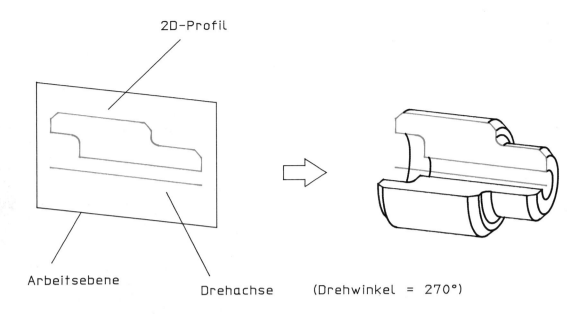

Bild 1: Rotationskörper

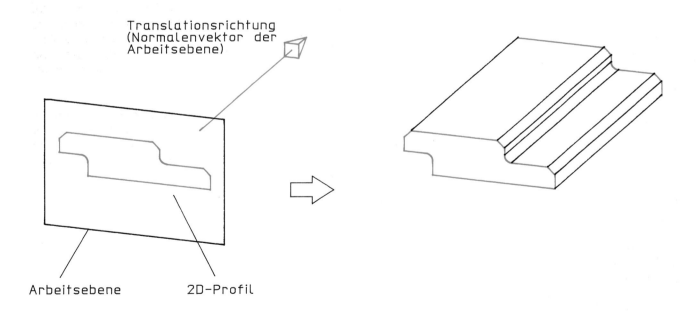

Bild 2: Translationskörper

Auf dieser Seite werden Funktionen vorgestellt, mit deren Hilfe sich Volumenelemente aus einem zweidimensionalen Profil, dem eine bestimmte Tiefeninformation zugeordnet wird, erzeugen lassen. Ein solches zweidimensionales Profil muß ein **geschlossener Konturzug** sein und liegt in einer beliebigen Ebene im Raum, die vorher als **Arbeitsebene** definiert wurde.

Rotationskörper

Ein Rotationskörper entsteht durch Herausdrehen eines 2D-Profils aus der Arbeitsebene um eine Achse. Als Achse für diese Drehung kann eine beliebige Linie angegeben werden, die jedoch ebenfalls in der Arbeitsebene liegen muß. Die Drehung kann entweder eine volle 360-Grad-Umdrehung umfassen, wobei ein geschlossener Rotationskörper entsteht, oder nur um einen bestimmten Winkel erfolgen (Bild 1).

Nachdem man ein zweidimensionales Profil in der Arbeitsebene gezeichnet hat, gibt es verschiedene Möglichkeiten, die Drehung dieses Profils und den daraus entstehenden Körper festzulegen:

– durch direkte Angabe der **Drehachse** und des **Winkels**. Der Winkel wird auf der Tastatur eingegeben. Die Drehachse wird durch Identifizieren einer Körperkante, einer Koordinatenachse oder eines Vektors bestimmt.

– durch Angabe der **Zielebene** der Drehung, das ist die Ebene, in der das Profil am Ende der Rotation liegen muß. Der Drehwinkel ergibt sich dabei als Winkel zwischen der Arbeitsebene und der Zielebene, die Drehachse ist die Schnittlinie der beiden Ebenen. Die Zielebene wird durch Eingabe eines Punktes und der Richtung ihres Normalenvektors festgelegt.

– durch Identifizieren einer **Zielfläche**. Drehwinkel und Drehachse ergeben sich dabei wie bei der Zielebene aus der Arbeitsebene und der Ebene, in der die Zielfläche liegt. Als Zielfläche kann jede beliebige Fläche eines vorhandenen Körpers identifiziert werden.

Translationskörper

Ein Translationskörper entsteht durch lineares Bewegen eines geschlossenen 2D-Profils aus der Arbeitsebene heraus. Als Richtung für diese Bewegung kann der Normalenvektor der Arbeitsebene oder eine neu bestimmte Richtung verwendet werden, zusätzlich muß noch die Translationslänge angegeben werden (Bild 2). Folgende Möglichkeiten zur Bestimmung der Translation sind vorhanden:

– aus der Arbeitsebene heraus, das heißt, daß die Translation **in Richtung** des positiven Normalenvektors der Arbeitsebene erfolgt. Die Länge wird vom System abgefragt.

– in die Arbeitsebene hinein, das heißt, daß die Translation **entgegen der Richtung** des Normalenvektors der Arbeitsebene erfolgt. Auch hier muß die Länge eingegeben werden.

– in eine **beliebige Richtung**, das heißt, daß zusätzlich zur Länge auch die Richtung vom Bediener angegeben wird. Sie kann durch Angabe einer Koordinatenachse, einer Linie oder eines Vektors festgelegt werden.

– Angabe eines **Zielpunktes**. Die Translation erfolgt entlang des Normalenvektors der Arbeitsebene bis zu der Ebene, die parallel zur Arbeitsebene liegt und den eingegebenen Punkt enthält. Damit sind die Richtung und die Länge der Translation festgelegt.

– Angabe einer **Zielfläche**. Die Translation erfolgt normal zur Arbeitsebene bis zum Schnitt mit einer Fläche, die zuvor identifiziert wurde. Diese Fläche kann jede beliebige Fläche eines vorhandenen Körpers sein.

B

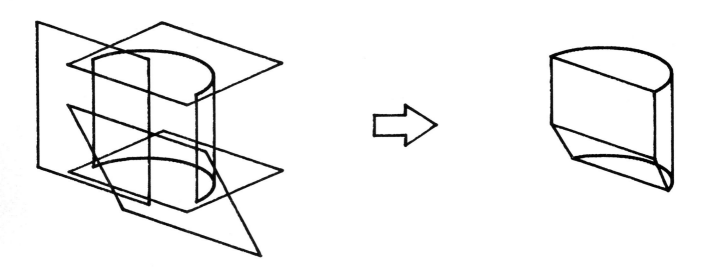

Bild: Flächen können zu einem Körper zusammengefügt werden

Ein Volumenelement kann auch definiert werden, indem man seine Oberfläche durch Angabe der **Teilflächen** bestimmt. Die einzelnen Teilflächen können entweder Teile der Oberfläche eines anderen Körpers sein oder Elemente vom Typ „Fläche", die eigens zum Zweck der Modellierung des Volumenelements erzeugt wurden.

Es können beliebige analytisch beschreibbare und gekrümmte Flächen benutzt werden, die nicht unbedingt eine geschlossene Körperhülle ergeben müssen (Bild). **Lücken** zwischen einzelnen Teilflächen werden vom System dadurch geschlossen, daß die Flächen zur Schnittkante mit den angrenzenden Flächen verlängert werden. Überstehende Teilflächen werden entsprechend verkürzt. Nach dieser Anpassung der Teilflächen muß die **Hülle geschlossen** sein, damit das System daraus einen Körper mit endlichem Volumen machen kann. Fehlt auf irgendeiner Seite eine Begrenzungsfläche, so würde ein Körper mit unendlichem Volumen entstehen. In diesem Fall ignoriert das System die Eingaben und erzeugt kein neues Element.

1. Durch welche der folgenden Angaben ist bei CAD 3D die Lage und Größe eines Würfels eindeutig bestimmt?

☐ a) Anfangspunkt, Höhe, Normalenrichtung
☐ b) Endpunkt, Höhe, Hauptrichtung
☐ c) Anfangspunkt, Endpunkt, Normalenrichtung, Hauptrichtung
☐ d) Anfangspunkt, Endpunkt, Höhe, Hauptrichtung
☐ e) Endpunkt, Normalenrichtung

2. Sie sehen hier den Schnitt durch einen Torus:

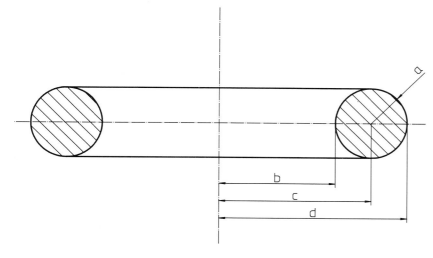

a) Welcher Radius wird mit „kleiner Radius" bezeichnet?

_____

b) Welcher Radius wird zur Torusdefinition außerdem noch benötigt?

_____

3. Welche zwei Arten, aus einem zweidimensionalen Profil einen Körper zu erzeugen, kennen Sie?

_____

4. Wie legen Sie bei der Kegeldefinition fest, ob ein Kegel oder ein Kegelstumpf erzeugt wird?

_____

5. a) Welche Voraussetzung muß ein Profil erfüllen, aus dem ein Translationskörper erzeugt werden soll?

_____

b) Welche Voraussetzung muß ein Profil erfüllen, aus dem ein Rotationskörper erzeugt werden soll?

_____

6. In manchen CAD-Systemen kann ein Volumenelement aus einzelnen Flächen „zusammengebaut" werden. Was geschieht, wenn Sie mehrere Flächen identifiziert haben, diese jedoch keine geschlossene Körperhülle bilden?

_____

Baustein 1: Änderung der Größe und Lage von Elementen

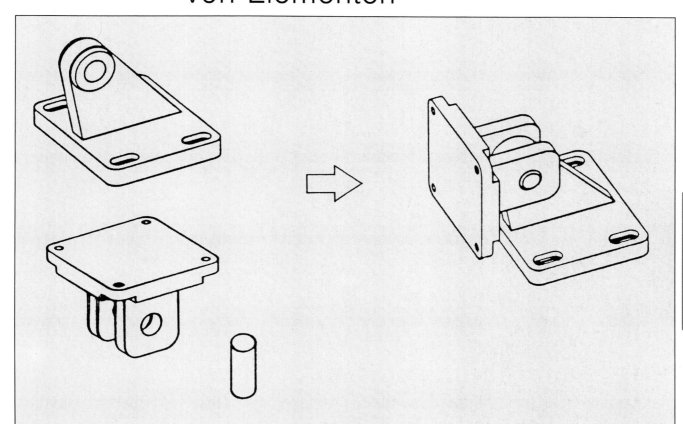

Bild: Durch die Funktionen Drehen und Verschieben lassen sich Bauteile einfach zusammenfügen.

In diesem Baustein werden Funktionen vorgestellt, die auf alle Arten von Elementen anwendbar sind und die diese Elemente in ihrer Lage, Richtung oder Größe verändern. Es handelt sich dabei um **Manipulationsfunktionen**, wie sie auch bei 2D-CAD-Systemen verwendet werden.

Aufgrund der zusätzlichen Dimension sind bei 3D-CAD-Systemen jedoch umfangreichere Eingaben als im 2D-Bereich erforderlich.

Diese Funktionen werden häufig benötigt, um einzelne Bestandteile einer Konstruktion zusammenzufügen (Bild).

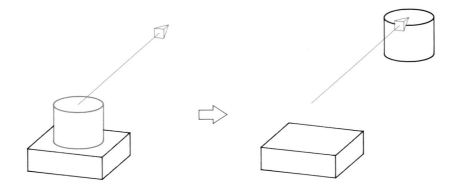

Bild 1: Verschieben eines Körpers

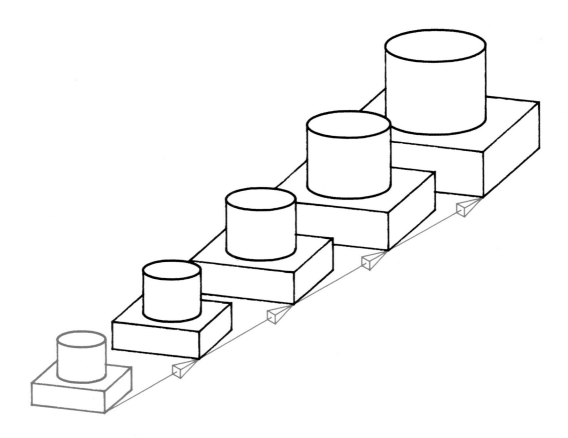

Bild 2: Mehrfaches Verschieben eines Körpers mit gleichzeitigem Skalieren

Diese Funktion ermöglicht das **Verschieben** eines oder mehrerer Elemente entlang eines dreidimensionalen Vektors. Bei Bedarf kann mit dem Verschieben gleichzeitig ein Skalieren der gewählten Elemente stattfinden.

Nach dem Funktionsaufruf werden die zu verschiebenden Elemente identifiziert. Es kann ein einzelnes oder mehrere Elemente ausgewählt werden, wobei Identifizierungshilfen wie Auswählen nach Elementtyp oder -eigenschaft benutzt werden können.

Der **Verschiebungsvektor** im Raum kann auf verschiedene Weise festgelegt werden:

- durch Angabe **zweier Punkte**, die den Anfangs- und Endpunkt der Verschiebung festlegen. Die Angabe kann entweder durch Koordinateneingabe oder durch Identifizieren vorhandener Punkte erfolgen.

- durch direkte Angabe eines **Vektors**, d.h. man identifiziert ein vorhandenes Element vom Typ Vektor und übernimmt dessen Länge und Richtung als Daten für die Verschiebung (Bild 1).

- durch Angabe der **Richtung** und des Abstandes. Um die Richtung festzulegen, in der um den eingegebenen Abstand verschoben werden soll, genügt es, eine Linie oder Körperkante zu identifizieren. Bei einigen CAD-Systemen kann die Richtung auch durch Identifizieren einer Fläche festgelegt werden. In diesem Fall ist dann die Verschiebungsrichtung die Normalenrichtung zu der angegebenen Fläche.

Sollen die Elemente in einem Arbeitsgang mit der Verschiebung auch skaliert werden, sind zusätzlich die Angaben eines Bezugspunktes und eines Skalierungsfaktors, wie bei der Funktion **Skalieren**, erforderlich.
Außerdem kann noch ein **Wiederholungsfaktor** angegeben werden, mit dem die Verschiebung mehrfach ausgeführt wird. Dabei entsteht jedesmal eine Kopie der verschobenen Elemente (Bild 2).

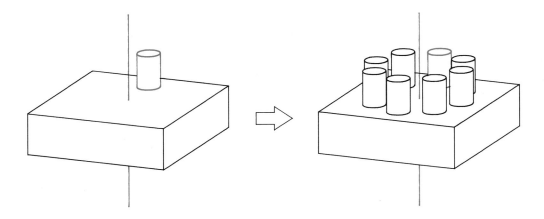

Bild 1: Drehen mit mehrfachem Kopieren

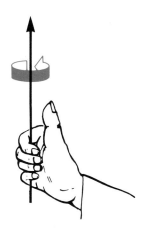

Bild 2: Rechte Daumen-Regel

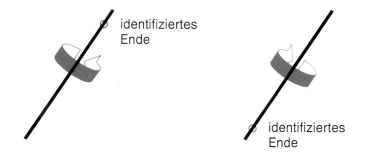

identifiziertes
Ende

identifiziertes
Ende

**Bild 3: Positive Drehrichtung
um eine Linie**

Mit der Funktion **Drehen** wird eine beliebig ausgewählte Menge von Elementen um eine vorhandene oder gedachte Achse gedreht. Nach dem Aufruf der Funktion können die Elemente identifiziert werden, auf die die Rotation angewandt werden soll. Dafür stehen alle Identifizierungsarten für die Auswahl einzelner oder mehrerer Elemente zur Verfügung.

Sind die Elemente identifiziert, ist die Angabe eines **Drehwinkels** und einer **Drehachse** erforderlich. Der Winkel wird als Zahl per Tastatur eingegeben, die Lage der Drehachse kann auf verschiedene Arten festgelegt werden:

– durch die Angabe einer **Koordinatenachse** des globalen oder des lokalen Koordinatensystems, die dann als Drehachse dient;

– durch die Angabe **zweier** im Raum liegender **Punkte** – die gedachte Verbindungslinie wird dann als Drehachse benutzt;

– durch Identifizieren einer vorhandenen **Linie** oder eines vorhandenen **Vektors**;

– durch Identifizieren eines **Punktes**, der auf der Drehachse liegt und einer Linie oder eines Vektors, durch den ihre Richtung bestimmt wird.

Nach erfolgter Drehung befinden sich die identifizierten Objekte an neuer Stelle. Die Darstellung an der alten Position wird gelöscht.

Durch die Angabe eines Wiederholungsfaktors kann ein mehrfaches, kopierendes Drehen von Objekten erreicht werden (Bild 1). Es gibt CAD-Systeme, bei denen gleichzeitig mit dem Drehen von Elementen noch ein Skalieren ausgeführt werden kann. Damit ist dann eine Größenänderung beim Drehen verbunden.

Die positive Richtung des Drehwinkels ist von der Festlegung der Drehachse abhängig:

– Bei Angabe einer Koordinatenachse oder eines Vektors wird im mathematisch positiven Sinn nach der Daumenregel um diesen gedreht (Bild 2). Die **Daumen-Regel** lautet: Zeigt der Daumen der **rechten** Hand in Richtung des Vektors, zeigen die Finger in Richtung des mathematisch positiven Drehsinns.

– Beim Identifizieren einer vorhandenen Linie ist die Drehrichtung abhängig davon, auf welcher Seite die Linie identifiziert wurde (Bild 3).

C

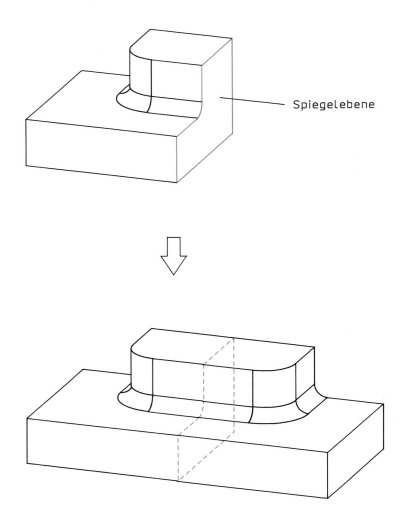

Spiegelebene

Bild: Spiegeln mit Identifizieren einer Körperoberfläche als Spiegelebene

Die Funktion **Spiegeln** wird verwendet, um beliebige Elemente in ihr Spiegelbild zu ändern oder um spiegelsymmetrische Objekte zu erzeugen. Dabei wird eine Ebene im Raum definiert, an der die Elemente gespiegelt werden. Für einen Spiegelvorgang können beliebig viele Elemente – gleichgültig, ob Volumen-, Flächen- oder Kantenelemente – identifiziert werden. Die Vorgehensweise beim Spiegeln ist dem Drehen ähnlich.

Wenn alle zu spiegelnden Elemente identifiziert sind, kann die Definition der **Spiegelebene** auf verschiedene Arten erfolgen:

– durch Identifizieren einer **vorhandenen** ebenen **Fläche** bzw. Körperoberfläche (Bild);

– durch Eingabe eines **Punktes**, der auf der Spiegelebene liegen soll, und Angabe der **Normalenrichtung** der Spiegelebene. Die Normalenrichtung wird durch Identifizieren einer Linie oder eines Vektors bestimmt;

– durch Angabe einer existierenden **Linie**. Diese Linie ist die Randkurve einer in z-Richtung unendlich ausgedehnten Ebene des Bildschirmkoordinatensystems.

– durch Identifizieren von drei Punkten, die nicht auf einer Geraden liegen;

– durch Angabe eines **Punktes auf der Spiegelebene** und einer **parallelen Ebene**, z. B. einer der Koordinatenebenen;

– durch Eingabe der **Koeffizienten** der Ebenengleichung $Ax + By + Cz + D = 0$.

Wahlweise kann der Ausgangszustand gelöscht oder beibehalten werden; im zweiten Fall wird das Spiegelbild als Kopie angelegt.

C

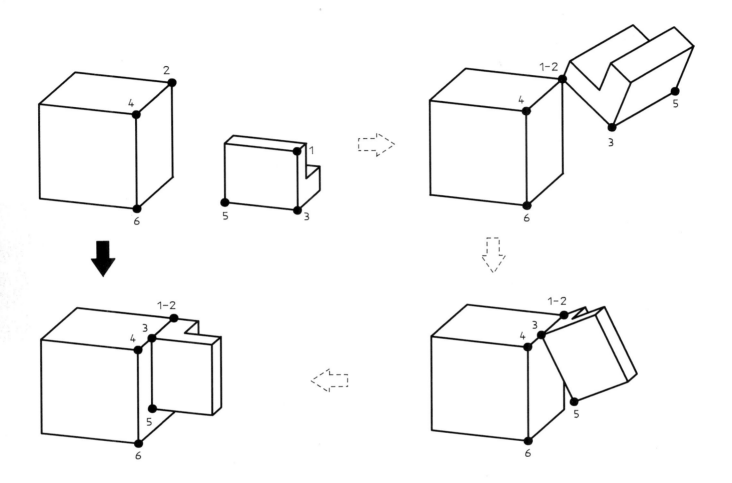

Bild: Plazieren eines Körpers über Bezugspunkte

Zur exakten **Plazierung eines Körpers** an einer gewünschten Stelle im dreidimensionalen Koordinaten-System gibt es eine spezielle Funktion, mit der dies auf einfache und schnelle Art und Weise möglich ist. Man könnte zwar jede beliebige Plazierung eines Körpers durch mehrfaches aufeinanderfolgendes Anwenden der Funktionen **Verschieben** und **Drehen** erreichen, was jedoch eine größere Anzahl umständlicher Eingaben erfordern würde. Bei der Funktion Plazieren reduziert sich dieser Eingabeaufwand auf

— 3 Punkte, die die Ursprungsposition des Körpers definieren

und

— 3 Punkte, die zur Ausrichtung des Körpers in seiner neuen Lage dienen.

Die Vorgehensweise dabei läßt sich am besten anhand der nebenstehenden Zeichnung veranschaulichen, auf der diese Punkte in der Reihenfolge ihrer Eingabe gekennzeichnet sind. Der rechts abgebildete Körper soll in einer bestimmten Ausrichtung am linken Körper plaziert werden. Dazu wird er so verschoben, daß Punkt 1 und Punkt 2 zusammenfallen.
Die Ausrichtung entlang einer Achse wird durch die Punkte 3 und 4 bestimmt, d.h. der Körper wird so gedreht, daß die Verbindungsstrecke Punkt 1 - Punkt 3 auf der Strecke Punkt 2 - Punkt 4 liegt. Nun ist die genaue Lage immer noch nicht eindeutig festgelegt, da der Körper sich noch in jeder beliebigen Drehlage um die Achse Punkt 1 - Punkt 3 (oder Punkt 2 - Punkt 4) befinden kann. Daher lautet die letzte Bedingung, daß der Körper um die Drehachse Punkt 1 - Punkt 3 so gedreht wird, daß der Punkt 5 in der durch die Punkte 2, 4 und 6 gebildeten Ebene liegt.
Erst mit der Angabe der Punkte 5 und 6 ist die Plazierung eines Körpers beendet.

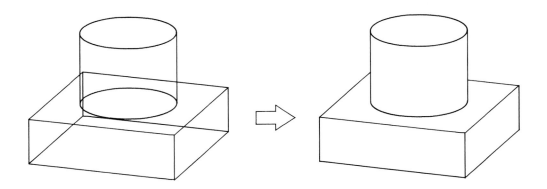

Bild 1: Löschen und Trimmen verdeckter Kanten

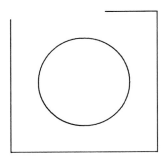

Bild 2: Folgen des Trimmens verdeckter Kanten beim Wechseln der Ansicht

An der 3D-Darstellung eines Körpers können die Kanten, die bei einem realen Körper nicht sichtbar wären, entfernt werden. Dazu bedient man sich der Funktionen **Trimmen** und **Löschen**. Man benötigt diese nur beim 3D-Kantenmodell, nicht aber beim Flächen- oder Volumenmodell.

Die prinzipielle Funktionsweise entspricht derjenigen beim zweidimensionalen Konstruieren. Nach Aufruf der Funktion Löschen werden alle Kanten identifiziert, die ganz entfernt werden sollen. Nach dem Bestätigen der Löschung verschwinden sie vom Bildschirm (Bild 1).

Diejenigen Kantenelemente, die nur teilweise entfernt werden sollen, werden durch Anwendung der Funktion Trimmen verkürzt. Dazu wird die Angabe der zu trimmenden Elemente und eines Begrenzungselements benötigt. Wichtig hierbei ist, daß die augenblickliche Bildschirmansicht des Modells wie ein zweidimensionales Arbeitsblatt behandelt wird. Die dreidimensionale Geometrie wird also nicht für die Ermittlung der Trimm-Grenzen verwendet, sondern nur deren Projektion auf die x-y-Ebene des Bildschirmkoordinatensystems.

Dieser Effekt macht sich dann bemerkbar, wenn man in einer bestimmten Ansicht eines Modells verdeckte Kanten trimmt bzw. löscht, danach aber das Modell in einer anderen Ansicht betrachtet (Bild 2). Die abgeschnittenen Kanten passen dann nicht mehr zu der neu gewählten Ansicht.

Viele CAD-Systeme besitzen als zusätzliche Hilfsfunktion das **Ausblenden verdeckter Kanten** (vgl. Baustein D 2.4). Der in Bild 2 demonstrierte negative Effekt tritt dann nicht auf.

C

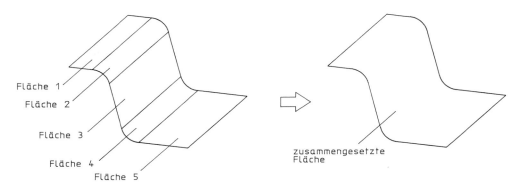

Bild 1: Zusammengesetzte Flächen

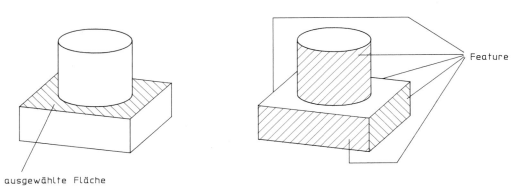

Bild 2: Angrenzende Flächen

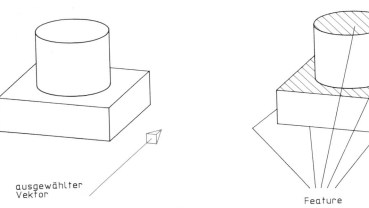

Bild 3: Flächen, die entlang eines Vektors liegen

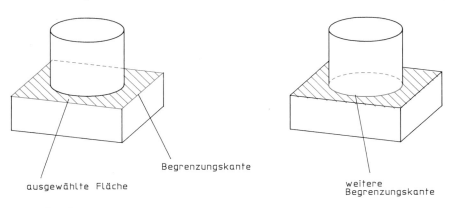

Bild 4: Begrenzungskanten

Genau wie bei den zweidimensionalen CAD-Systemen können auch beim dreidimensionalen Arbeiten beliebige Elemente zu **Gruppen** zusammengefaßt werden, um sie gemeinsam zu bearbeiten. Neben dieser allgemeinen **Gruppenbildung** gibt es die Möglichkeit, ganz bestimmte Elemente einer Konstruktion zu selektieren und über ein gemeinsames Merkmal als Gruppe oder auch als Liste zusammen anzusprechen. Der englische Fachausdruck für eine solche Liste heißt **Feature**. Ein solches Feature kann aus Flächen, Kanten oder Punkten bestehen. In den folgenden Abschnitten lernen Sie einige Beispiele für Features kennen.

Zusammengesetzte Flächen

Mit dieser Funktion können mehrere einzelne Flächen zu einer größeren Fläche zusammengefaßt werden. Die einzelnen Flächen müssen über gemeinsame Berandungskurven miteinander verbunden sein (Bild 1). Diese müssen identifiziert werden.

Angrenzende Flächen

Über eine weitere Funktion können alle Flächen zu einem Feature zusammengefaßt werden, die an eine ausgewählte Fläche angrenzen (Bild 2).

Flächen, die von einer Achse durchstoßen werden

Es können alle Flächen zusammengefaßt werden, die von einer angegebenen Achse durchstoßen werden. Die Achse kann auf verschiedene Arten festgelegt werden:

- durch Angabe eines Punktes und Definition der Richtung in Parameterform,
- durch Angabe eines Punktes und Festlegen einer Richtung senkrecht zur Bildschirmebene, d. h. in die Tiefe,
- durch Identifizieren einer vorhandenen Linie oder eines Vektors.

Flächen, die entlang eines Vektors liegen

Hier werden alle Flächen zusammengefaßt, die sich in der Richtung eines Vektors oder einer Linie ausdehnen – das heißt, es muß mindestens eine Linie innerhalb einer Fläche geben, die parallel zu dem angegebenen Vektor verläuft, damit diese Fläche mit zur Gruppe gehört (Bild 3).

Flächen eines bestimmten Typs

Mit dieser Funktion können alle Flächen eines bestimmten Typs innerhalb eines Körpers zu einem Feature zusammengefaßt werden. Die folgenden Flächentypen können ausgewählt werden:

- eben
- zylindrisch
- konisch
- sphärisch (kugelförmig)
- toroid
- konvex
- konkav

Begrenzungskanten einer Fläche

Für Operationen, die in Verbindung mit den **Kanten** eines Körpers durchgeführt werden, lassen sich schnell alle Begrenzungskanten einer Fläche identifizieren, indem man die entsprechende Fläche und einen Punkt auf einer Begrenzungskante antippt.
Löcher oder Aussparungen in einer Fläche, die einen eigenen Zug von Begrenzungskanten haben, müssen getrennt identifiziert werden (Bild 4).

Eckpunkte einer Fläche

Entsprechend den Begrenzungskanten einer Fläche lassen sich auch deren **Eckpunkte** zusammengefaßt ansprechen, wenn eine Operation in Verbindung mit Punkten durchgeführt wird.

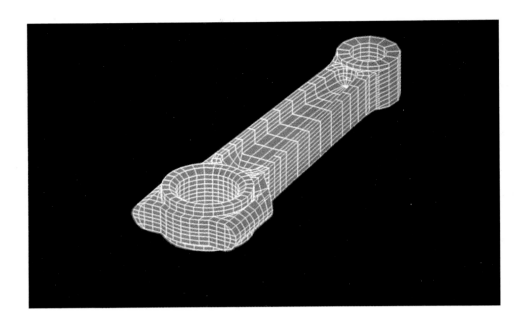

Bild 1: Ausgangskörper (approximiertes Modell)

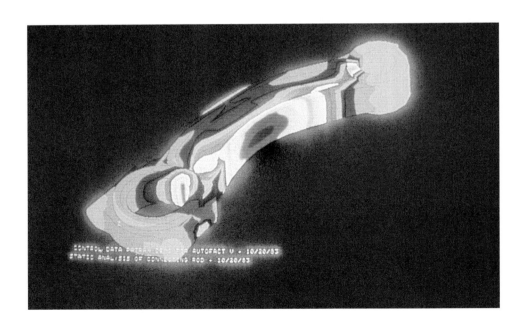

Bild 2: Nach Berechnung der Torsionsbeanspruchung verdrehtes Modell

Im Rahmen des CAE (Computer Aided Engineering) werden in zunehmendem Maße Berechnungsprogramme in CAD-Systeme integriert, die anhand der eingegebenen Geometrie eines Bauteils dessen Verformung infolge der Einwirkung von Kräften, Momenten oder Temperaturänderungen ermitteln können. Dies geschieht in der Regel mittels spezieller Rechenprogramme. Weit verbreitet ist die „Finite-Elemente-Methode" (FEM).

Aus der analytischen Bauteilgeometrie wird eine angenäherte Darstellung mittels einfacher geometrischer Grundelemente (z. B. Finite-Elemente-Netz) erzeugt (Bild 1). Dieses Finite-Elemente-Netz erlaubt die Berechnung von Spannungen und Verformungen an jedem Knoten des Netzes.

Die vom Berechnungsprogramm ermittelten Verformungen können anschließend über das CAD-System am Bildschirm sichtbar gemacht werden. Da solche Verformungen in der Praxis häufig so klein sind, daß sie durch bloße Betrachtung nicht eindeutig erkannt werden können, nutzt man gerne die Möglichkeit, die Verformungen auch stark übertrieben darzustellen (Bild 2).

C

C 1.16 Aufgaben zum Baustein „Änderung von Elementen"

1) Auf welche Weise kann der Verschiebungsvektor im Raum festgelegt werden? (3 Möglichkeiten)

a) _____

b) _____

c) _____

2) Durch welche Angaben ist die Drehung eines Elements im dreidimensionalen Raum definiert?

_____

_____

3) Wie kann die Drehachse definiert werden? (4 Möglichkeiten)

a) _____

b) _____

c) _____

d) _____

4) Wie lautet im 3D die Entsprechung zur Spiegelachse im 2D?

_____

5) Wodurch läßt sich eine Spiegelebene definieren? (6 Möglichkeiten)

a) _____

b) _____

c) _____

d) _____

e) _____

f) _____

6) Bei welchem 3D-Modell bedarf es der Funktion „Trimmen" zur Erzeugung optisch eindeutiger Abbildungen?

_____

7) Welchen Nachteil hat „Trimmen" in diesem Fall?

_____

8) Wieviele Punkte sind notwendig, um einen beliebigen Körper genau an einem anderen beliebigen Körper zu plazieren?

9) Welche Punktdefinitionen sind notwendig, um den gewünschten Körper aus den angegebenen Körpern zu bilden? Benennen Sie die Punkte.

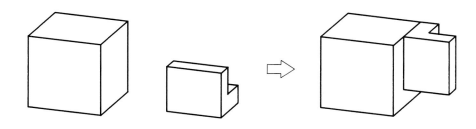

10) Wodurch läßt sich die Funktion „Plazieren" ersetzen?

11) Was versteht man unter einem „Feature"?

12) Welche Elemente lassen sich zu einem Feature zusammenfassen?

13) Ist es möglich, alle Begrenzungskanten dieser Fläche durch einmaliges Antippen der äußeren Flächenkante zu identifizieren? Begründen Sie Ihre Antwort!

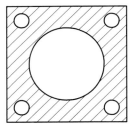

14) Warum wird in einigen Fällen ein Körper durch das komplizierte „Finite-Elemente-Netz" beschrieben?

Baustein 2: Volumenverknüpfung

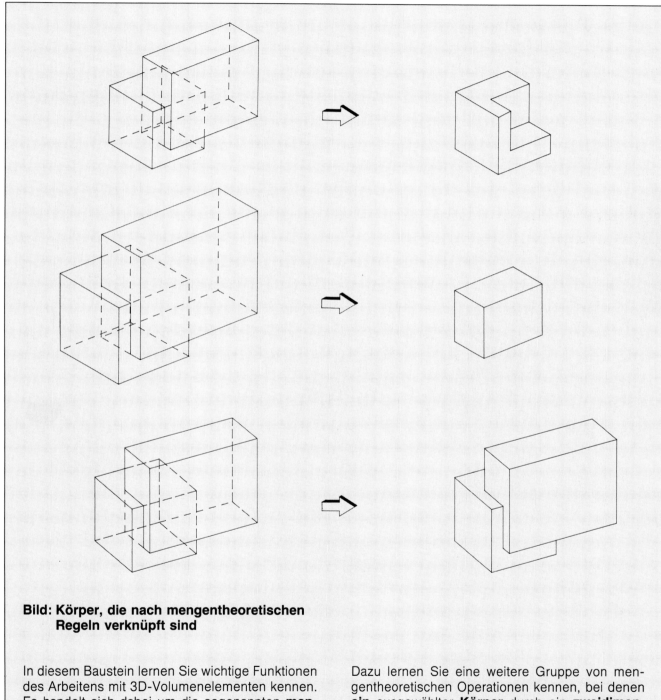

Bild: Körper, die nach mengentheoretischen Regeln verknüpft sind

In diesem Baustein lernen Sie wichtige Funktionen des Arbeitens mit 3D-Volumenelementen kennen. Es handelt sich dabei um die sogenannten **mengentheoretischen** Verknüpfungen, bei denen jeweils **zwei Körper** auf eine bestimmte Art miteinander in Verbindung gebracht werden.

Dazu lernen Sie eine weitere Gruppe von mengentheoretischen Operationen kennen, bei denen **ein** ausgewählter **Körper** durch ein **zweidimensionales Profil**, dem eine bestimmte Tiefeninformation zugeordnet wird, verändert wird. Diese Veränderung kann bewirken, daß bei einem vorhandenen Körper Volumen entweder hinzugefügt oder entfernt wird.

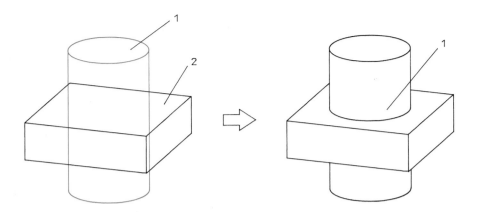

Bild 1: Vereinigung zweier Körper zu einem

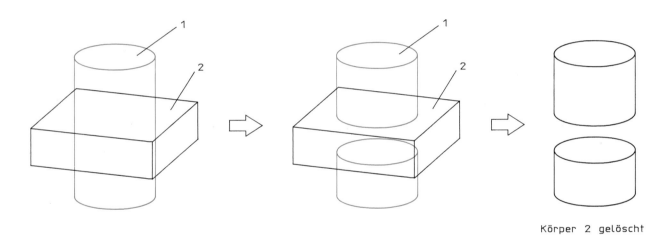

Körper 2 gelöscht

Bild 2: Subtraktion des Körpers 2 von Körper 1

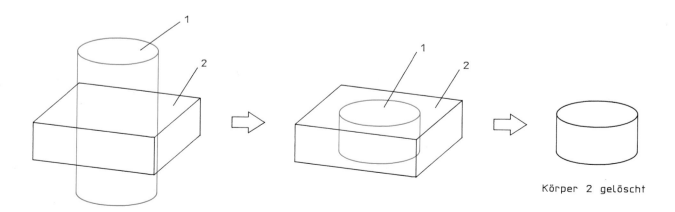

Körper 2 gelöscht

Bild 3: Durchschnitt von Körper 1 mit Körper 2

Die Funktion **Vereinigung** bewirkt, daß ein aktiver Ausgangskörper mit einem oder mehreren anderen Körpern zu einem einzigen Körper zusammengefaßt wird. Voraussetzung dazu ist, daß sich die zu vereinigenden Körper zumindest teilweise überlappen.

Wenn mehrere Körper zu einem einzelnen hinzugefügt werden sollen, brauchen diese sich nicht gegenseitig, sondern lediglich mit dem Ausgangskörper zu überlappen. Nach Beenden dieser Operation ist der Ausgangskörper um die nicht gemeinsamen Volumenteile der anderen Körper ergänzt (Bild 1). Diese liegen dann selbst nicht mehr als eigenständige Körper vor, sondern werden aus der Elementliste gestrichen.

Die Funktion **Subtraktion** bewirkt, daß von einem einzelnen aktiven Körper der überlappende Teil von einem oder mehreren anderen Körpern abgezogen wird. Dazu wird zuerst der aktive Ausgangskörper identifiziert; danach werden die abzuziehenden Körper angegeben. Nach Beenden dieser Operation ist der Ausgangskörper um die mit den anderen Körpern gemeinsamen Volumenteile verringert. Diese liegen selbst weiterhin als eigenständige Körper an ihrer bisherigen Postion vor. Das Ergebnis der Subtraktion läßt sich am besten sichtbar machen, wenn man die subtrahierten Körper von ihrer Position löscht oder verschiebt, um nur noch den veränderten Ausgangskörper zu sehen (Bild 2).

Die Funktion **Durchschnitt** bewirkt, daß von einem Körper nur der überlappende Teil mit einem oder mehreren anderen Körpern beibehalten wird. Dazu wird zuerst der Ausgangskörper identifiziert, danach werden die Körper angegeben, mit denen der Durchschnitt gebildet werden soll. Nach Beenden der Operation sind vom Ausgangskörper nur noch die mit den anderen Körpern gemeinsamen Volumenteile vorhanden. Die anderen Körper selbst liegen weiterhin unverändert als selbständige Körper vor. Möchte man den entstandenen Durchschnittskörper isoliert betrachten, ist es notwendig, die übrigen Körper von ihrer bisherigen Position zu entfernen (Bild 3). Dies ist entweder durch Löschen, Verschieben oder Ausblenden möglich.

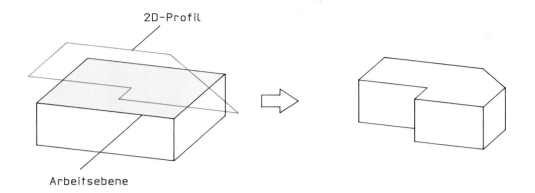

Bild 1: Stamp

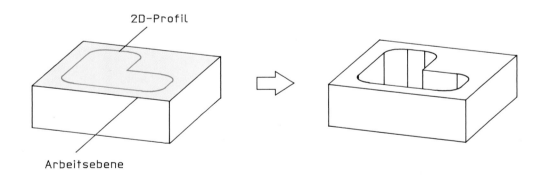

Bild 2: Punch

Mit den Funktionen **Stamp** und **Punch** wird von einem vorhandenen Körper Material weggenommen. Dabei wird der ausgewählte Körper entlang der Spur eines im Raum bewegten zweidimensionalen Profils begrenzt.

Stamp (Bild 1)
Die Funktion Stamp ist nach dem fertigungstechnischen Begriff Stamp = **Stanzen** benannt. Mit ihr ist es möglich, aus einem Körper durch Angabe eines zweidimensionalen Profils in der Arbeitsebene einen neuen Körper quasi auszustanzen, wobei das Profil der Form des „Stanzwerkzeuges" entspricht. Die „Stanzrichtung" ist senkrecht zur Arbeitsebene und es wird alles Volumen des Körpers entfernt, das bei der Bewegung des Profils von − ∞ bis + ∞ **außerhalb des Profils** liegt (Bild 1). Das Profil muß aus einem oder mehreren **geschlossenen** Konturzügen bestehen und darf keine einzelnen Linien oder offenen Linienzüge enthalten.

Mit der Funktion Stamp erreicht man das gleiche Ergebnis wie durch Anwendung zweier anderer Funktionen, nämlich der Erzeugung eines **Translationskörpers** und der anschließenden „Bildung des **Durchschnitts**" zwischen diesem Körper und dem Ausgangskörper.

Punch (Bild 2)
Die Funktion Punch ist ebenfalls nach einem entsprechenden Fertigungsverfahren benannt − Punch = **Lochen**, Stanzen. Mit ihr ist es möglich, an einem Körper bestimmte Aussparungen oder Löcher anzubringen. Das geschieht durch Angabe eines zweidimensionalen Profils in der Arbeitsebene, das wie bei der Funktion Stamp die Form des „Werkzeugs" festlegt. Die „Stanzrichtung" ist wieder senkrecht zur Arbeitsebene. Im Gegensatz zu Stamp wird nun jedoch entlang der Stanzrichtung von − ∞ bis + ∞ alles Material entfernt, was **innerhalb des Profils** liegt. Für das Profil gilt wiederum, daß es aus geschlossenen Konturzügen bestehen muß.

Die Funktion Punch hat das gleiche Ergebnis zur Folge wie die Zusammenfassung der Funktionen „Erzeugung eines **Translationskörpers**" und anschließend „**Subtraktion** des Körpers vom Ausgangskörper".

C

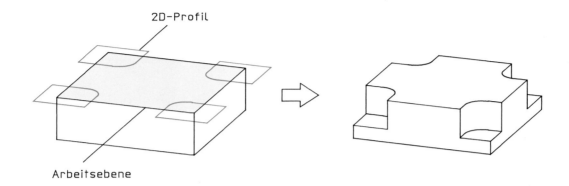

Bild 1: Mill

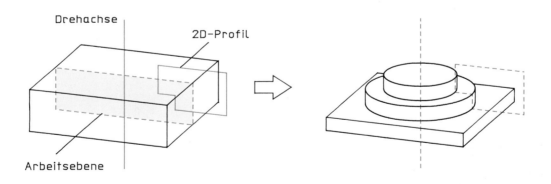

Bild 2: Bore

Mit den Funktionen **Mill** und **Bore** wird von einem vorhandenen Körper Material weggenommen. Auch hier standen wieder fertigungstechnische Verfahren Pate. Die Funktion **Mill** entspricht einer **Fräsbearbeitung**, während **Bore** mit einer Bearbeitung durch **Drehen** vergleichbar ist. In beiden Fällen wird durch die Bewegung eines geschlossenen zweidimensionalen Profils in einer bestimmten Richtung ein Volumen erzeugt, um das der ausgewählte Körper verringert wird.

Mill (Bild 1)

Die Funktion Mill ähnelt der Funktion Punch (Seite 2.5), da durch Bewegung eines Profils senkrecht zur vorher festgelegten Arbeitsebene ein Volumen erzeugt wird, das vom Ursprungskörper abgezogen wird. Im Gegensatz dazu wird hier jedoch nicht der Bereich von $-\infty$ bis $+\infty$ abgezogen, sondern nur der Bereich zwischen der Arbeitsebene und einer bestimmten **Tiefe**. Diese Tiefe ist per Tastatur einzugeben und entspricht der Zustellungstiefe, wenn man wieder den Vergleich mit der Fräsmaschine anstellt.
Die Funktion vereinigt zwei Vorgänge in sich: die Erzeugung eines Translationskörpers aus einem geschlossenen 2D-Profil und dessen anschließende Subtraktion vom Ausgangskörper.

Bore (Bild 2)

Mit der Funktion Bore ist es möglich, von einem Körper bestimmte Volumenteile so zu entfernen, als würde er auf der Drehmaschine bearbeitet. Dabei ist sowohl Innen- als auch Außenbearbeitung möglich. In der Arbeitsebene wird ein zweidimensionales Profil erzeugt, das die „Drehkontur" darstellt. Anschließend wird in der Arbeitsebene eine Drehachse identifiziert, die der „Hauptachse" beim Drehen entspricht. Nun entsteht durch Rotation des geschlossenen zweidimensionalen Profils ein Volumen, das von dem zuvor angegebenen Ausgangskörper abgezogen wird.
Die Funktion Bore vereinigt in sich also zwei Funktionen, die ansonsten nacheinander ausgeführt werden müßten, nämlich die Erzeugung eines Körpers durch Rotation einer Fläche bzw. eines Profils um eine Achse und die anschließende Subtraktion dieses Körpers vom Ausgangskörper.

Lift, Rotate + Lift

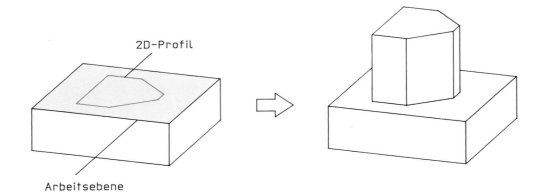

Bild 1: Lift

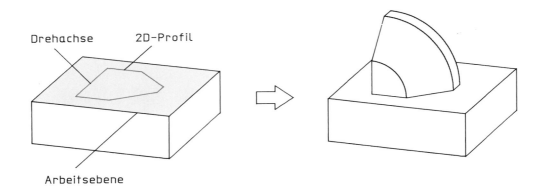

Bild 2: Rotate+Lift

Mit den beiden Funktionen **Lift** und **Rotate+Lift** wird zu einem vorhandenen Körper Material hinzugefügt. Dies geschieht durch Herausheben eines geschlossenen zweidimensionalen Profils aus einer beliebigen Ebene im Raum, die vorher als Arbeitsebene definiert werden muß. Die Bewegung des Profils im Raum geschieht entweder mit **Lift** in axialer Richtung senkrecht zur Arbeitsebene (Bild 1) oder mit **Rotate+Lift** als Rotation um eine Linie, die in der Arbeitsebene liegt (Bild 2). Dabei wird bei Lift ein **Abstand** eingegeben, um den das Profil bewegt wird, bei Rotate+Lift eine Linie und ein Drehwinkel, um den das Profil gedreht wird.

Mit der Funktion **Lift** erreicht man das gleiche Ergebnis wie durch Anwendung zweier anderer Funktionen, nämlich der Erzeugung eines **Translationskörpers** und der anschließenden **Vereinigung** mit dem Ausgangskörper.

Die Funktion **Rotate+Lift** faßt dagegen die Operationen der Erzeugung eines neuen Körpers durch **Rotation** und dessen anschließende **Vereinigung** mit dem Ausgangskörper zusammen.

C

1) Für welches 3D-Modell sind mengentheoretische Verknüpfungen möglich?

2) Welche mengentheoretischen Verknüpfung wurde hier benutzt?

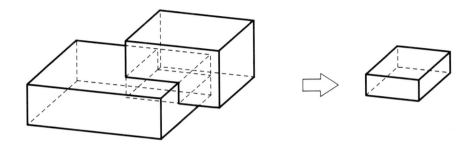

3) Warum lassen sich folgende Körper nicht vereinigen?

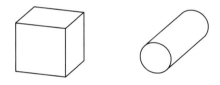

4) Hier wurde eine Subtraktion durchgeführt. Welcher Körper war der aktive Körper?

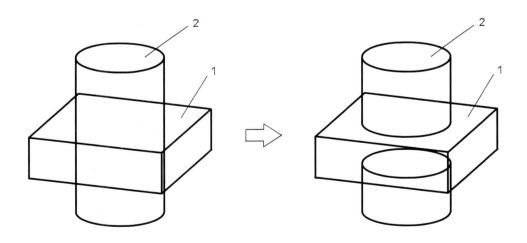

5) Gegeben ist folgende Anordnung. Die Funktion „Durchschnitt" wurde angewendet. Skizzieren Sie das Ergebnis, wenn Körper 1 der aktive Körper war und Körper 2 hinterher gelöscht wurde.

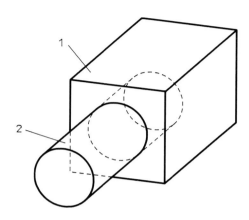

6) Durch welche Funktionen läßt sich die Funktion „Lift" ersetzen?

7) Wodurch läßt sich „Rotate+Lift" ersetzen?

8) Gegeben ist folgender Körper mit aufgezeichnetem 2D-Profil. Welche Arbeitsschritte sind notwendig, um das gewünschte Ergebnis zu erhalten?

Körper

Ergebnis

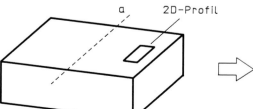

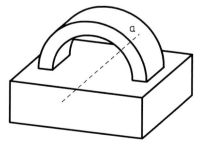

9) In welche Richtung wird bei der Funktion „Stamp" gestanzt?

10) Wie groß ist bei der Funktion „Punch" der gedachte Stempelweg?

11) Wodurch unterscheiden sich „Stamp" und „Punch"?

12) Wodurch unterscheidet sich „Mill" von „Stamp"?

13) Welche Bedingung ist bei den Funktionen Stamp, Punch, Mill und Bore an das 2D-Profil gestellt?

Baustein 3: Flächenverknüpfungen

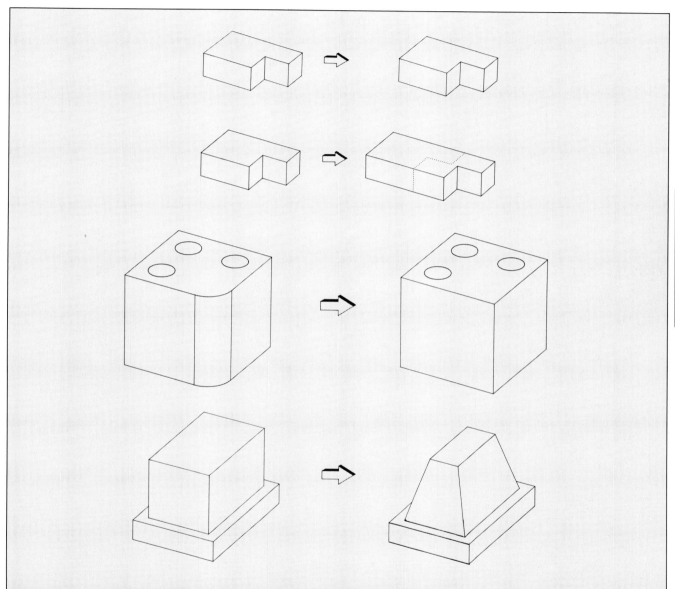

**Bild: Sowohl beim Flächenmodell als auch bei volumenorientierten
Systemen können Einzelflächen bearbeitet werden.**

In diesem Baustein lernen Sie, wie man Flächen an einem Konstruktionsmodell nachträglich in ihrer Form und Lage verändern kann und wie man vorhandene Flächen zur Definition neuer Geometrieelemente heranzieht.

Die Identifizierung und Bearbeitung von Flächen ist dazu nicht nur bei CAD-Systemen, die nach dem Flächenmodell arbeiten, möglich, sondern auch bei Volumenmodell-Systemen. Bei letzteren

sind zu jedem Volumenelement Informationen über seine Oberfläche gespeichert, weshalb die Daten einer bestimmten Einzelfläche für weitere Arbeiten zur Verfügung stehen. Damit kann zum Beispiel das Aussehen eines Körpers durch Manipulation einer seiner Begrenzungsflächen verändert werden.

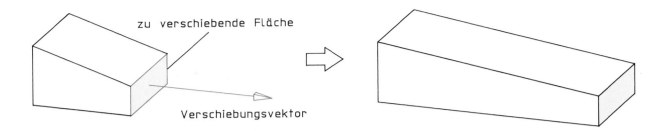

Bild 1: Bewegen einer Fläche

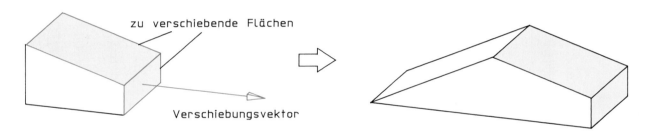

Bild 2: Bewegen von 2 Flächen

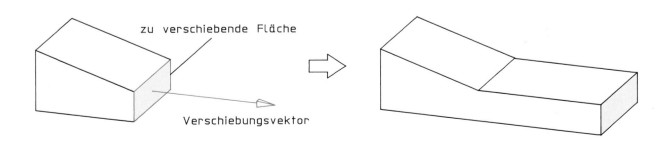

Bild 3: Herausziehen einer Fläche aus einem Körper

Bewegen

Mit der Funktion **Bewegen** können eine einzelne Fläche oder mehrere Einzelflächen eines Körpers verschoben werden. Die an die verschobene Fläche angrenzenden Flächen werden dabei so durch Dehnen, Stauchen oder Umklappen ausgeglichen, daß keine Lücken in der Oberfläche des Körpers entstehen. Man sagt auch, die **Topologie** des Körpers bleibt erhalten, das heißt, seine Lage im Raum, die Anzahl der Teilflächen und die Anzahl der gemeinsamen Kanten werden nicht verändert.

Die Definition der Verschiebung ähnelt dem Vorgehen bei der Verschiebung von Körpern. Zuerst werden eine einzelne oder mehrere Flächen identifiziert, anschließend erfolgt die Eingabe des **Verschiebungsvektors.** Dafür gibt es verschiedene Alternativen:

- Identifizieren eines vorhandenen Vektors,
- Identifizieren einer Linie für die Richtung und Eingabe eines Abstandes,
- Identifizieren einer Fläche, deren Normalenrichtung als Verschiebungsrichtung übernommen wird, und Eingabe eines Abstandes,
- Eingabe zweier Punkte.

Das Ergebnis der Verschiebung einer Fläche sehen Sie in Bild 1, die Verschiebung von zwei Flächen ist in Bild 2 dargestellt.

Herausziehen

Mit der Funktion **Herausziehen** können eine einzelne Fläche oder mehrere Einzelflächen eines Körpers so verschoben werden, daß die übrigen Flächen des Körpers in ihrer Lage, Anordnung und Größe unverändert bleiben. Dabei entsteht zunächst eine Lücke zwischen der verschobenen Fläche und den an diese angrenzenden Flächen. Diese Lücke wird automatisch geschlossen, indem neue Flächen eingefügt werden, die in Richtung des Verschiebungsvektors liegen. Die **Topologie** des Körpers wird also durch Hinzufügen von neuen Flächen und Kanten verändert (Bild 3).
Die Definition der zu verschiebenden Flächen und des Verschiebungsvektors ist identisch mit den Angaben, die bei der Funktion Bewegen durchgeführt werden.
Bei beiden Funktionen, Bewegen und Herausziehen, werden die verschobenen Flächen in ihrer Form, Größe und Ausrichtung **nicht verändert**, sondern lediglich in ihrer Lage um den Verschiebungsvektor versetzt.

C

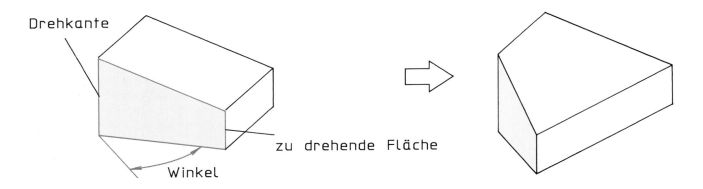

Bild 1: Drehen einer einzelnen Fläche

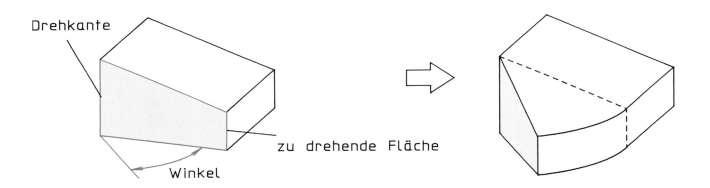

Bild 2: Herausdrehen einer Fläche mit Entstehung neuer Flächen

Drehen

Mit der Funktion **Drehen** wird ein Körper verändert, indem eine oder mehrere Einzelflächen seiner Oberfläche um eine beliebige Achse gedreht werden. Die an die gedrehten Flächen angrenzenden Flächen werden dabei so mitgezogen, daß keine Lücken in der Oberfläche des Körpers entstehen. Seine **Topologie** bleibt erhalten, die Anzahl der Flächen und deren Beziehungen zueinander werden also nicht verändert, jedoch wird die Geometrie der angrenzenden Flächen hinsichtlich ihrer Größe und Richtung angepaßt (Bild 1).

Die Definition des Drehens läuft in den folgenden Schritten ab: man identifiziert die gewünschte Fläche, gibt einen **Winkel** ein und legt schließlich noch die **Drehachse** fest. Diese wird bestimmt durch eine der Möglichkeiten:

– Identifizieren einer Linie oder eines Vektors,
– Eingabe eines Punktes und einer Richtung durch Angabe einer parallelen Linie, eines Vektors oder einer Fläche (Drehachse ist parallel zur Normalenrichtung der Fläche)
– Eingabe zweier Punkte.

Herausdrehen

Mit der Funktion **Herausdrehen** kann ein Körper so verändert werden, daß eine oder mehrere Einzelflächen seiner Oberfläche um eine beliebige Achse herausgedreht werden. Die an die gedrehten Flächen angrenzenden Flächen bleiben dabei in ihrer Lage und Anordnung unverändert, so daß theoretisch eine Lücke zwischen diesen Flächen und der neuen Position der gedrehten Flächen entstehen würde. Diese Lücke wird jedoch durch Einfügen neuer Flächen geschlossen, die durch Rotation der Kanten der gedrehten Flächen um die Drehachse entstehen – die eingefügten Flächen sind also durch Kreisbögen begrenzt. Die Topologie des Körpers wird durch das Hinzufügen von neuen Flächen und Kanten verändert (Bild 2).

Die Definition des Herausdrehens entspricht der Definition beim Drehen.

Die gedrehten Flächen werden in beiden Fällen, beim Drehen wie beim Herausdrehen, in ihrer Form und Größe nicht verändert, sondern werden lediglich durch die Angabe von Drehwinkel und Drehachse an eine neue Position versetzt.

C

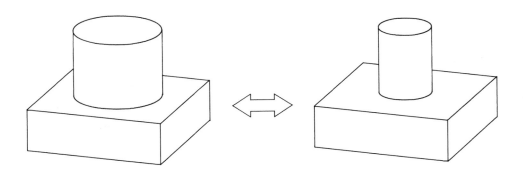

Bild 1: Änderung des Radius einer Zylinderfläche

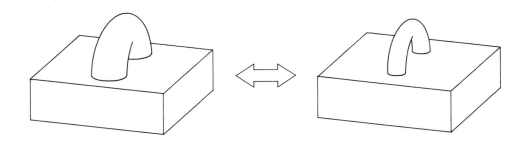

Bild 2: Änderung der Radien einer Torusfläche

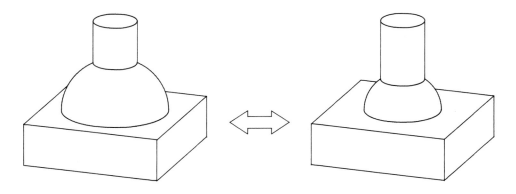

Bild 3: Änderung des Radius einer kugeligen Fläche

Mit der Funktion **Radienänderung** ist es möglich, den Radius gekrümmter Flächen in einer Körperoberfläche zu verändern. Vier Beispiele dafür werden im folgenden detailliert beschrieben:

- die Veränderung des Radius einer **zylindrischen Außen- oder Innenfläche,** wie sie bei Wellen oder Bohrungen vorkommt,
- die Veränderung des großen oder kleinen Radius einer **Torusfläche,**
- die Veränderung des Radius einer **Kugelfläche,**
- die Veränderung der Radien, der Höhe oder des Kegelwinkels einer **Kegelfläche.**

Zylinderfläche

Nachdem die zu verändernde zylindrische Fläche identifiziert wurde, wird ihr neuer Radius angegeben. Es kann entweder ein Absolutwert oder ein Relativwert, um den der bisherige Radius vergrößert oder verkleinert wird, eingegeben werden. Die Topologie des Körpers bleibt erhalten, das heißt, angrenzende Flächen werden gegebenenfalls angepaßt (Bild 1).

Torusfläche

Identifiziert man eine toroidale Fläche eines Körpers, gibt es die Möglichkeit, entweder den großen oder den kleinen Radius des Torus oder alle beide zu ändern (Bild 2). Auch hier kann wiederum sowohl ein Absolutwert als auch ein Relativwert eingegeben werden. Die Topologie des Körpers bleibt erhalten.

Kugelfläche

Identifiziert man eine Kugelfläche, so kann der Radius der Kugel bzw. des Kugelabschnitts (Bild 3) ebenfalls wieder durch Eingabe eines neuen Radius als Absolutwert oder durch Angabe eines relativen Maßes, bezogen auf den bisherigen Radius, modifiziert werden.

C

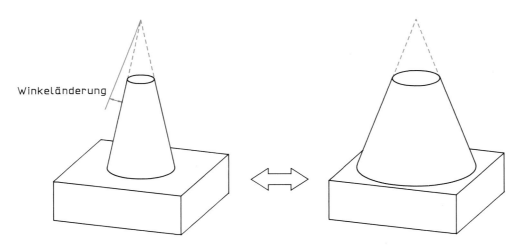

Bild 1: Kegelfläche mit Winkeländerung

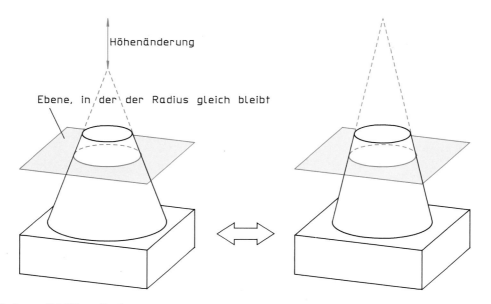

Bild 2: Kegelfläche mit Höhenänderung

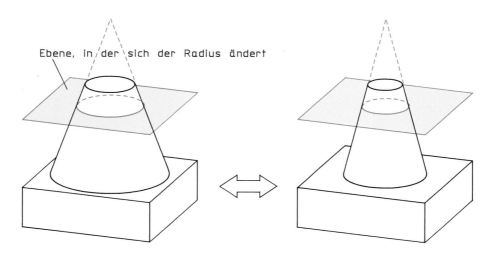

Bild 3: Kegelfläche mit Radienänderung in einer bestimmten Ebene

Kegelfläche

Die Mantelfläche eines Kegels oder eines Kegelstumpfs an einem vorhandenen Körper kann in ihrer
Geometrie abgewandelt werden, indem man die Fläche identifiziert und eine der nachstehenden Teilfunk-
tionen auswählt:

– Eingabe eines neuen Kegelwinkels,
– Eingabe einer neuen Höhe,
– Eingabe eines neuen Radius auf einer bestimmten
  Höhe.

Bei der Änderung des **Kegelwinkels** wird die Höhe
des Kegels beibehalten. Der Radius der Grundlinie
der Kegelfläche ergibt sich aus dem neuen Winkel
und der Höhe (Bild 1).

Wählt man die Änderung der **Höhe** des Kegels aus,
wird gleichzeitig auch der Winkel des Kegels neu
bestimmt.

Dazu wird diejenige Ebene ausgewählt, in der der
Kegelradius gleich bleiben soll (Bild 2). Diese Ebene
wird entweder durch die Eingabe eines Punktes im
Raum oder durch Angabe eines Koordinatenwertes,
der ihren Abstand von der Kegelspitze angibt,
bestimmt. Bei dieser Art, einen Kegel zu modifizieren,
ändern sich ebenfalls die beiden begrenzenden Kreisflächen des Kegels. Die Eingabe einer neuen Höhe
erfolgt entweder als Absolutwert oder als relative
Angabe, bezogen auf die bisherige Höhe des Kegels.

Wählt man die Änderung des **Radius** des Kegels aus,
bleibt die Höhe gleich. Der Winkel ändert sich entsprechend dem neuen Radius (Bild 3). Der neue
Radius gibt den Radius der Kegelmantelfläche in einer
zur Kegelachse senkrechten Ebene an, die wie oben
durch ihren Abstand von der Kegelspitze oder einen
darin liegenden Punkt bestimmt wird.
Der neue Radius kann wieder absolut oder relativ
eingegeben werden.

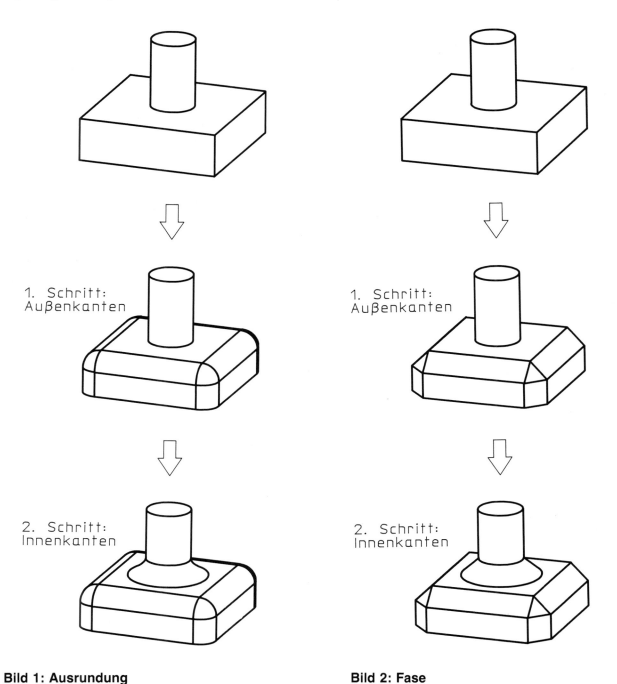

1. Schritt:
Außenkanten

1. Schritt:
Außenkanten

2. Schritt:
Innenkanten

2. Schritt:
Innenkanten

Bild 1: Ausrundung

Bild 2: Fase

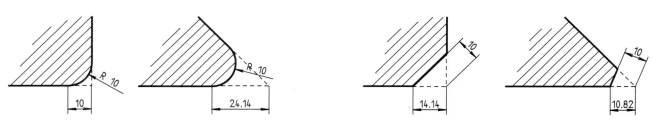

Bild 3: Zusammenhang zwischen Größe der Ausrundung bzw. Breite der Fase und Winkel
(Darstellung im Schnitt)

Mit diesen beiden Funktionen können Begrenzungskanten eines Körpers durch Anbringen einer Fase gebrochen oder mit einem bestimmten Radius ausgerundet werden. Dadurch hat man im Konstruktionsprozess die Möglichkeit, zunächst mit einfachen Körpern ein Modell zu entwerfen und diesem erst am Ende der Konstruktion durch Ausrundungen und Fasen seine detaillierte endgültige Form zu geben.

Ausrundung

Beliebig viele Kanten eines Körpers können in einem Arbeitsschritt ausgerundet werden, wenn sie alle den gleichen Rundungsradius erhalten sollen. Dazu werden zuerst alle Kanten identifiziert und anschließend der Radius eingegeben. Sollen an einem Körper Ausrundungen mit unterschiedlichem Radius angebracht werden, erfordert dies mehrere Arbeitsschritte. Auch ist es nicht möglich, konvexe Kanten (außen) und konkave Kanten (innen) in einem Schritt zu verrunden (Bild 1).

Zu beachten ist, daß die Größe der Ausrundung, also der Abstand von der Ausrundung bis zur ursprünglichen Kante, bei vorgegebenem Radius auch vom Winkel abhängt, unter dem die angrenzenden Flächen zusammentreffen (Bild 3).

Fase

An einem Körper können in einem Arbeitsschritt beliebig viele Fasen gleicher Größe angebracht werden. Nachdem alle betreffenden Kanten identifiziert sind, wird die Fasengröße eingegeben. Sie ist als Abstandsmaß zwischen der ursprünglichen Kante und der Fasenfläche zu verstehen. Wie beim Ausrunden können in einem Arbeitsschritt zwar mehrere Fasen, aber nur in einer Größe angebracht werden. Außerdem müssen Außen- und Innenkanten in getrennten Schritten mit Fasen versehen werden (Bild 2).
Die Fasen erscheinen am Modell des Körpers als zusätzliche Flächen, die angrenzenden Flächen werden automatisch verkürzt.

Eine Fase hat immer den gleichen Winkel zu beiden angrenzenden Flächen. Die Größe des Winkels hängt vom Winkel dieser beiden Flächen zueinander ab. Letzterer beeinflußt zusammen mit der eingegebenen Fasengröße auch die Breite der Fase (Bild 3).

C

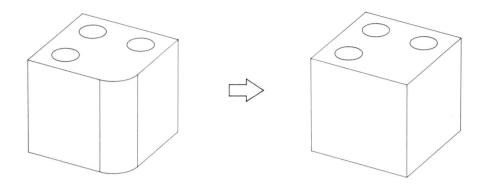

Bild: Entfernen einer Ausrundungsfläche

Die Funktion **Entfernen von Flächen** dient zum Löschen einzelner oder mehrerer Flächen eines Körpers. Da dabei eine unzulässige Lücke in der Oberfläche des Körpers entstehen würde, werden gleichzeitig mit dem Löschen einer Fläche die angrenzenden Flächen so verlängert, daß die Lücke geschlossen wird. So können mit dieser Funktion beispielsweise Fasen oder Ausrundungen auf einfache Weise entfernt werden (Bild).

Hinweis:
Es können nur Flächen entfernt werden, wenn durch Verlängern der angrenzenden Flächen ein geschlossenes Volumen entsteht.

1) Wie verhält sich die Topologie eines Körpers bei der Funktion „Bewegen" und bei „Herausziehen"?

2) Wie wird die Form und die Ausrichtung der verschobenen Flächen bei den Funktionen „Bewegen" und „Herausziehen" verändert?

3) Wie können die entstehenden Lücken bei der Funktion „Herausziehen" geschlossen werden?

4) Welche Radiuswertangaben sind bei der „Radienänderung" möglich?

5) Auf welche Arten läßt sich ein Kegelstumpf in seiner Geometrie verändern?

6) War es möglich, an folgendem Gebilde alle Ausrundungen in einem Arbeitsschritt durchzuführen? Begründen Sie Ihre Antwort!

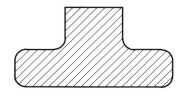

7) War es möglich, bei folgendem Gebilde alle Fasen in einem Arbeitsschritt anzubringen?

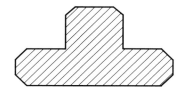

8) Wie werden die Lücken geschlossen, die beim „Entfernen von Flächen" entstehen würden?

9) Welchen Vorteil bietet die Funktion „Entfernen von Flächen"?

Baustein 1: Ansichten und Fenster

**Bild: Das Modell eines Körpers kann in
beliebigen Ansichten und Fenstern am
Bildschirm dargestellt werden.**

Unter einer Ansicht versteht man das Abbild des gerade bearbeiteten Modells in einer bestimmten Betrachtungsrichtung. Diese Betrachtungsrichtung und eine Anzahl weiterer Eigenschaften sind durch den Konstrukteur veränderbar, so daß jederzeit der jeweiligen Arbeitsaufgabe angepaßte Ansichten erzeugt werden können. Man kann von einer Ansicht in eine andere wechseln, ohne daß dadurch die Geometrie des Modells beeinflußt wird – das heißt, seine Lage im Modellkoordinatensystem bleibt gleich, während sich das Bildschirmkoordinatensystem jedem Wechsel der Ansicht anpaßt.

Die Z-Achse des Bildschirmkoordinatensystems zeigt immer in die Bildschirmtiefe, gleichgültig wie das Modellkoordinatensystem in einer Ansicht gedreht ist. Die relative Lage der Bildschirmkoordinaten zu den Modellkoordinaten ändert sich also.

Mittels der Fenstertechnik können mehrere Ansichten gleichzeitig am Bildschirm dargestellt werden. In diesem Baustein lernen Sie, wie Ansichten erzeugt und verändert werden können.

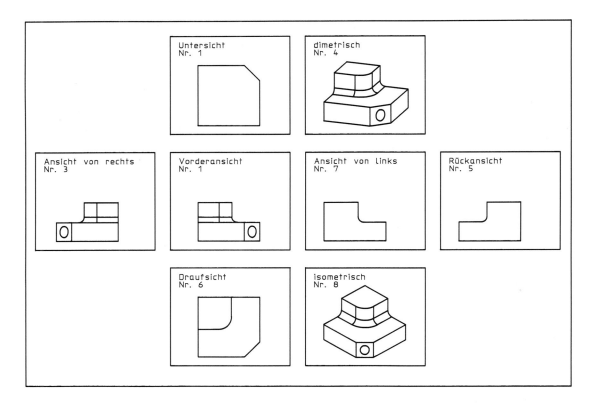

Bild 1: Automatische Aufteilung in 8 Fenster

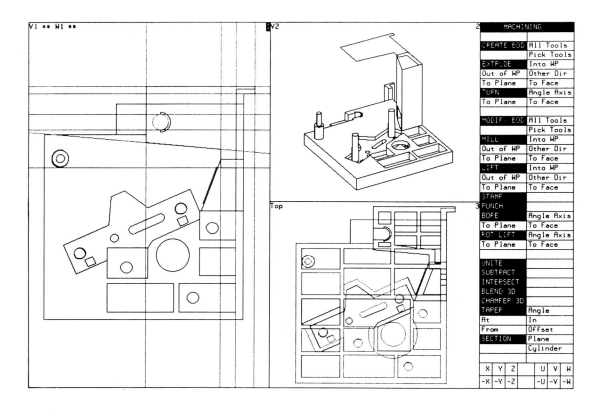

Bild 2: Manuelle Fensteraufteilung

Wie bei zweidimensionalen CAD-Systemen gibt es auch im 3D-Bereich die Möglichkeit, am Bildschirm mehrere Fenster darzustellen, die verschiedene **Ausschnitte** eines Modells zeigen. Darüberhinaus lassen jedoch 3D-Systeme in den Fenstern auch die Darstellung **beliebiger Ansichten** des dreidimensionalen Objekts zu. Die Handhabung der Fensterfunktion ist systemspezifisch. Daher werden Ihnen auf dieser Seite zwei verschiedene, jedoch recht häufige Verfahren vorgestellt.

Automatische Fensteraufteilung

Bei einigen CAD-Systemen gibt es die Möglichkeit, aus einer Menge von standardmäßig vorhandenen Bildschirmaufteilungen eine bestimmte auszuwählen. Mit der Auswahl einer Aufteilung wird dann sowohl die Anzahl der Bildschirmfenster festgelegt als auch jedem dieser Fenster eine bestimmte Ansicht zugeordnet.

Ein Beispiel für die automatische Fensteraufteilung bietet das Auswahlmenü des CAD-Systems ICEM DDN. Bei diesem System werden den Ansichten Nummern zugeordnet, die standardmäßig folgende Bedeutung haben:

Ansicht 1: von vorne
Ansicht 2: von unten
Ansicht 3: von rechts
Ansicht 4: perspektivisch
Ansicht 5: von oben
Ansicht 6: von links
Ansicht 7: von hinten
Ansicht 8: isometrisch

Das Auswahlmenü stellt folgende Wahlmöglichkeiten zur Verfügung:

1. zwei Ansichten nebeneinander (Nr. eingeben)
2. zwei Ansichten übereinander (Nr. eingeben)
3. vier Ansichten (Nr. eingeben)
4. Ansichten 6 und 1
5. Ansichten 1 und 7
6. Ansichten 6, 1, 7 und 8
7. Ansichten 1 bis 8.

Bei Bedarf kann diese Definition der numerierten Ansichten geändert werden, außerdem können auch weitere numerierte Ansichten vom Bediener erzeugt werden. In Bild 1 ist die Menü-Nr. 7 (Ansichten 1 bis 8) ausgewählt.

Manuelle Fensteraufteilung

Es gibt auch CAD-Systeme, bei denen durch direktes Zeigen am Bildschirm die Lage und Größe eines neuen Fensters bestimmt wird. Zu einer vorhandenen Fensteraufteilung kann an beliebiger Stelle ein neues Fenster hinzugefügt werden. Die Inhalte der einzelnen Fenster können aus verschiedenen Ansichten oder aus verschiedenen Ausschnitten derselben Ansicht bestehen. In Bild 2 ist ein Beispiel für diese Art der Fenstertechnik am CAD-System ME Serie 30 zu sehen.

D

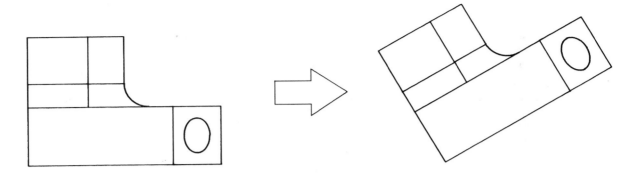

Bild 1: Drehen einer Ansicht in der Bildschirmebene

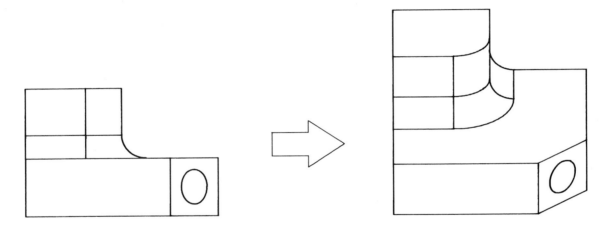

Bild 2: Drehen einer Ansicht um die Horizontale

Die Blickrichtung auf einen Körper wird durch die Einstellung von verschiedenen **Ansichtsparametern** beeinflußt. Über die Veränderung dieser Parameter läßt sich aus einer bestehenden Ansicht eine neue Ansicht erzeugen. Die Ausgangsansicht kann dabei wahlweise beibehalten oder überschrieben werden. In den folgenden Abschnitten werden verschiedene Möglichkeiten der Veränderung von Ansichtsparametern vorgestellt:

Drehen einer Ansicht

Eine vorhandene Ansicht kann durch Drehung in eine neue Ansicht überführt werden. Dies geschieht durch Eingabe eines Drehwinkels in Verbindung mit einer der folgenden Funktionen:

– Drehen der vorhandenen Ansicht um eine Achse, die senkrecht zur Bildschirmebene verläuft. Die Rotation kann sowohl in Uhrzeiger- als auch in Gegenuhrzeigerrichtung erfolgen (Bild 1).

– Drehen der vorhandenen Ansicht um eine horizontale Achse in der Bildschirmebene. Die Drehrichtung kann so gewählt werden, daß die obere Kante der Bildschirmebene entweder aus der Bildschirmebene heraus oder in sie hinein rotiert (Bild 2).

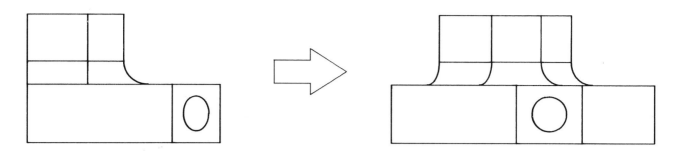

Bild 3: Drehen einer Ansicht um die vertikale Achse

identifizierte Linie

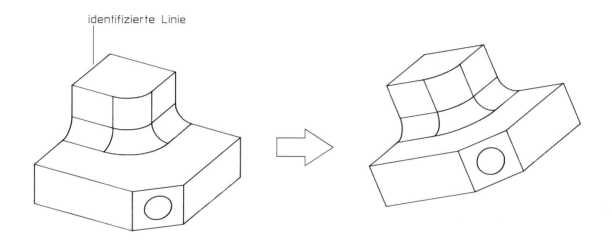

Bild 4: Drehen einer Ansicht um eine beliebige Achse

– Drehen einer vorhandenen Ansicht um eine vertikale Achse in der Bildschirmebene. Dabei kann die Drehrichtung so gewählt werden, daß die rechte Kante entweder aus der Bildschirmebene heraus- oder in die Bildschirmebene hineindreht (Bild 3).

– Drehen einer vorhandenen Ansicht um eine beliebige Achse oder Kante des Konstruktionsobjekts. Die Rotationsachse wird durch Identifizieren einer vorhandenen Kante bestimmt. Zur Festlegung der Rotationsrichtung muß eine Vektorrichtung zur gewählten Kante angegeben werden. Das geschieht durch Identifizieren desjenigen Endes der Rotationsachse, das der Spitze des Vektors entspricht. Die Drehung erfolgt dann nach der „Daumen-Regel" um den definierten Vektor (Bild 4).

D

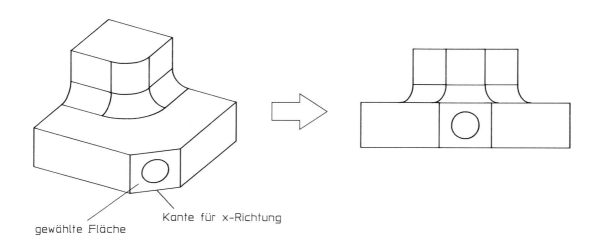

gewählte Fläche

Kante für x-Richtung

Bild 5: Ansicht parallel zu einer Fläche

Ansicht parallel zu einer Fläche

Eine Ansicht kann so abgeändert werden, daß in der neuen Ansicht eine identifizierte ebene Fläche parallel zur Bildschirmebene liegt. Das heißt, daß man in der neuen Ansicht direkt auf diese Fläche blickt. Die Lage der Fläche in der Bildschirmebene ist nach dem Identifizieren noch nicht bestimmt. Sie wird durch zusätzliches Identifizieren einer Kante, die waagrecht liegen soll (x-Richtung des Bildschirmkoordinatensystems), festgelegt. Die neue Ansicht wird dann entsprechend ausgerichtet (Bild 5).

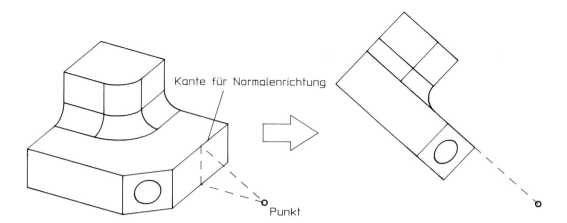

Bild 6: Ansicht normal zu einer Linie mit Punktangabe

Ansicht senkrecht zu einer Linie

Die neue Ansicht wird durch einen Punkt und eine Linie definiert. Der Punkt ist Fixpunkt bei der Ansichtsänderung. Die identifizierte Linie bildet in der neuen Ansicht den Normalenvektor der Bildschirmebene. Um dies zu erreichen, wird die Ansicht so weit um den eingegebenen Punkt gedreht, bis die angegebene Kante oder Linie senkrecht zur Bildschirmebene steht. Da die Lage damit noch nicht eindeutig festgelegt ist, bedarf es einer zusätzlichen Angabe, beispielsweise eines Fixpunktes (Bild 6).

Benennen von Ansichten

Zusätzlich zu der Möglichkeit, Ansichten zu numerieren, kann man einer Ansicht auch einen Namen geben. Wenn später in einer anderen Ansicht gearbeitet wird, läßt sich die benannte Ansicht durch Angabe ihres Namens wieder auf dem Bildschirm sichtbar machen. Die Namensvergabe dient dazu, einer Ansicht eine Information zuzuordnen, über die sie leicht wieder gefunden werden kann, das heißt, der Name sollte gleichzeitig eine kurze Beschreibung der Ansicht enthalten, zum Beispiel „PARALLEL1". Über die Funktion **Auflisten von Ansichten** kann am Bildschirm eine Liste aller numerierten bzw. benannten Ansichten angezeigt werden. Anhand dieser Liste kann dann eine bestimmte Ansicht ausgewählt und als Fenster am Bildschirm gezeichnet werden.

Löschen von Ansichten

Aus der Liste der vorhandenen Ansichten kann jede beliebige Ansicht gelöscht werden, gleichgültig, ob sie gerade am Bildschirm sichtbar ist oder nicht. Sie verschwindet dann aus der Liste der Ansichten und – falls sie gerade in einem Fenster angezeigt ist – vom Bildschirm.

D

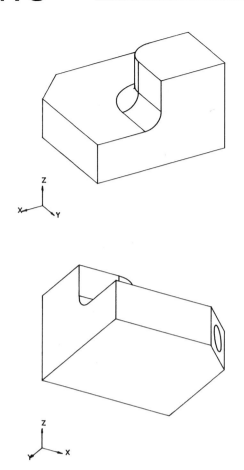

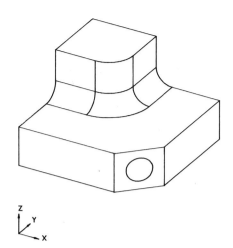

Bild 7: Verschiedene Blickrichtungen

Verändern der Blickrichtung durch Auswahl eines Vektors

Das CAD-System ME 30 bietet eine besonders einfache Möglichkeit, räumliche Ansichten zu erzeugen. Es gibt dort acht verschiedene Möglichkeiten, einen Vektor festzulegen, der dann die Bildschirmnormale bildet. Alle acht Richtungen basieren auf einem Vektor mit den Koordinaten (0,43/0,75/0,5), der die Blickrichtung angibt. Dieser ist so festgelegt, daß eine gute perspektivische Ansicht entsteht, die für fast alle räumlichen Darstellungen geeignet ist.

Die drei Koeffizienten des vorgegebenen Vektors können in einem Auswahlmenü jeweils mit positivem oder negativem Vorzeichen versehen werden. Auf diese Weise entstehen acht Vektoren, mit denen die

acht Quadranten des räumlichen Koordinatensystems angesprochen werden können. Das erwähnte Menü bietet folgende Auswahl:

+x, +y, +z
+x, +y, −z
+x, −y, +z
+x, −y, −z
−x, +y, +z
−x, +y, −z
−x, −y, +z
−x, −y, −z

Wählt man zum Beispiel +x, −y, +z, so blickt man auf die der positven x-Richtung, der negativen y-Richtung und der positiven z-Richtung zugewandten Flächen eines Körpers, das heißt, in Richtung des Vektors $v = (−0,43/+0,75/−0,5)$ auf das Konstruktionsmodell; bei Auswahl von −x, −y, −z ergibt sich der Vektor $v = (+0,43/+0,75/+0,5)$ als Blickrichtung (Bild 7).

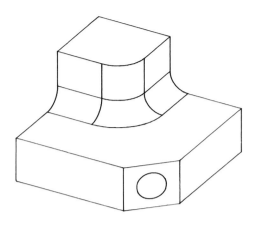

a) unendlich

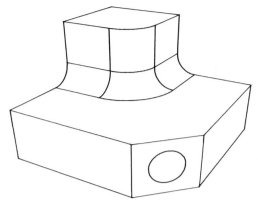

b) großer Abstand

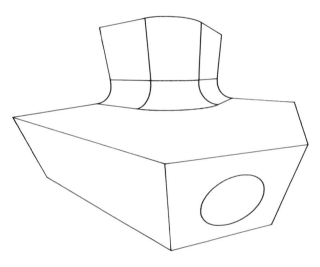

Bild 8: Verschiedene perspektivische Verzerrungen

c) kleiner Abstand

D

Verändern der Perspektive bei gleichbleibender Blickrichtung

Alle bisher vorgestellten perspektivischen Ansichten sind als Parallelperspektive dargestellt, das heißt, parallele Kanten, die in die Tiefe des Raumes verlaufen, sind in der Bildschirmdarstellung auch wirklich parallel. Diese Art der Darstellung kann so verändert werden, daß parallele Kanten auf einen Fluchtpunkt zulaufen und weiter in der Tiefe liegende Objekte kleiner erscheinen.

Der Grad der dadurch bewirkten räumlichen **Verzerrung** wird durch den Parameter **Abstand** gesteuert. Unter Abstand ist dabei die Distanz des Betrachters zum Konstruktionsobjekt zu verstehen. Je kleiner der Abstand, desto stärker ist die Verzerrung; bei großen Abständen ist kaum noch eine Verzerrung zu sehen (Bild 8). Wenn anstelle einer Abstandseingabe die Vorgabe **unendlicher Abstand** erfolgt, tritt keine perspektivische Verzerrung auf, sondern es wird wieder eine Parallelprojektion erzeugt. Der Parameter Abstand kann bei jeder beliebigen Ansicht neu angegeben werden, ohne die übrigen Merkmale dieser Ansicht zu verändern.

Verändern von Blickrichtung und Perspektive

Die Blickrichtung und die perspektivische Verzerrung können gleichzeitig verändert werden durch **Koordinateneingabe**. Die eingegebenen Koordinaten (x, y, z) bestimmen den Betrachtungspunkt, die **Blickrichtung** verläuft entlang der Verbindung des angegebenen Punktes zum Koordinatenursprung (0/0/0). Der **Betrachtungsabstand** entspricht der Entfernung des Konstruktionsobjekts vom eingegebenen Punkt.

D 1.10   Aufgaben zum Baustein „Ansichten und Fenster"

1) Was versteht man unter einer Ansicht?

2) Inwieweit ändert sich die Geometrie eines Modells, wenn man die Ansicht verändert?

3) Worin liegt der Nachteil der automatischen Fensteraufteilung im Vergleich zur manuellen Fensteraufteilung?

4) Wodurch wird das Erscheinungsbild eines Körpers in einer Ansicht beeinflußt?

5) Um welche Achsen lassen sich Ansichten drehen?

6) Warum bedarf es bei der Funktion „Ansicht parallel zu einer Fläche" nach dem Identifizieren einer Fläche noch der Identifikation einer Kante?
Was gibt diese Kante an?

7) Was geschieht mit einer Ansicht, die auf dem Bildschirm sichtbar ist,
wenn ihr Name aus der Liste der vorhandenen Ansichten gelöscht wird?

---

8) Sie wollen bei ME 30 Ihre Blickrichtung verändern und haben hierzu die Richtung $(-x/+y/+z)$ gewählt.
Welche Koordinaten hat der Vektor Ihrer Blickrichtung?

---

9) Worauf bezieht sich der Parameter „Abstand" bei der Eingabe einer perspektivischen Verzerrung?

---

10) Wie groß ist die perspektivische Verzerrung bei unendlichem Abstand?

D

Baustein 2: Darstellungshilfen

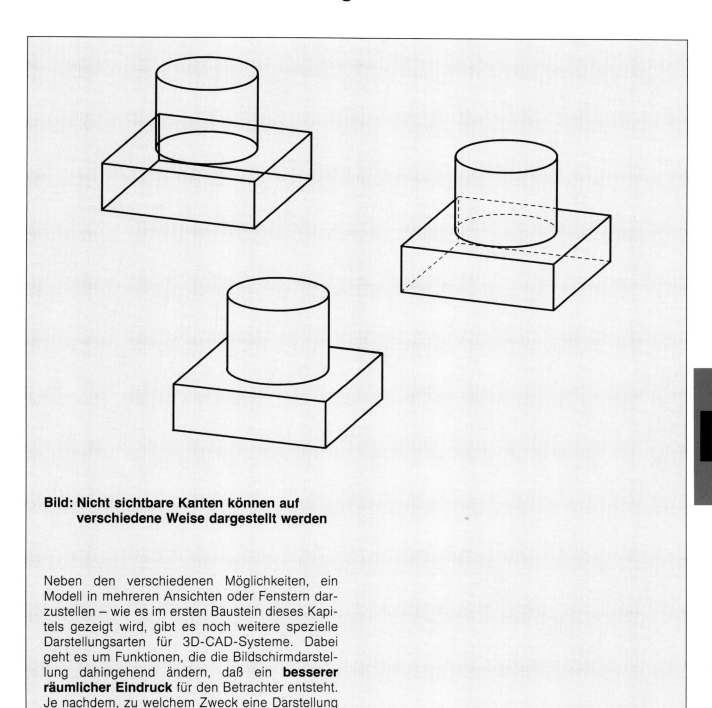

**Bild: Nicht sichtbare Kanten können auf
verschiedene Weise dargestellt werden**

Neben den verschiedenen Möglichkeiten, ein
Modell in mehreren Ansichten oder Fenstern darzustellen – wie es im ersten Baustein dieses Kapi-
tels gezeigt wird, gibt es noch weitere spezielle
Darstellungsarten für 3D-CAD-Systeme. Dabei
geht es um Funktionen, die die Bildschirmdarstellung dahingehend ändern, daß ein **besserer
räumlicher Eindruck** für den Betrachter entsteht.
Je nachdem, zu welchem Zweck eine Darstellung
benötigt wird, reichen die Möglichkeiten vom Ausblenden verdeckter Kanten über die Flächendarstellung als Liniennetz bis zur schattierten Darstellung von Körpern.

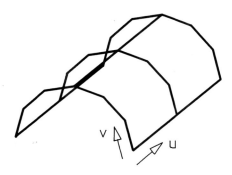

u-Linien: 3
v-Linien: 3
Punkte pro u-Linie: 2
Punkte pro v-Linie: 7

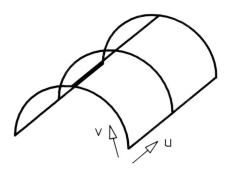

u-Linien: 3
v-Linien: 3
Punkte pro u-Linie: 2
Punkte pro v-Linie: 25

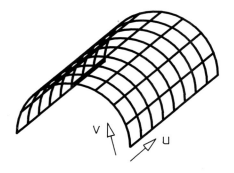

u-Linien: 9
v-Linien: 9
Punkte pro u-Linie: 2
Punkte pro v-Linie: 25

Bei CAD-Systemen, die nach dem Flächenmodell arbeiten, kann man einzelne Flächen durch ein **Netz** von Linien verdeutlichen, das über die Fläche gelegt wird. Man spricht dabei von **Flächenlinien** oder **Flächenpfaden**. Diese Linien laufen in zwei verschiedenen Richtungen über die Fläche, so daß jede Flächenlinie der einen Richtung sich mit jeder Linie der anderen Richtung kreuzt. Die Flächenlinien bestehen aus Polygonzügen mit einer bestimmten Anzahl von Stützpunkten. Das heißt bei gekrümmten Flächen, daß die Flächenpfade nicht exakt in der Fläche verlaufen, sondern sich nur an deren Krümmung annähern. Je mehr Stützpunkte auf einem Flächenpfad liegen, desto genauer wird die Oberfläche angenähert.

Die beiden Laufrichtungen des Liniennetzes werden mit den Koordinaten u und v bezeichnet. Mit einer speziellen Funktion können für die Flächenpfade in u- und v-Richtung die folgenden Vorgabewerte eingestellt werden:

– Anzahl der Pfade in u-Richtung der Fläche, zum Beispiel 5,

– Anzahl der Pfade in v-Richtung der Fläche, zum Beispiel 2,

– Anzahl der Stützpunkte pro u-Pfad, das heißt die Anzahl der Punkte, die durch einen Polygonzug verbunden werden, um den Pfad darzustellen, zum Beispiel 11,

– Anzahl der Stützpunkte pro v-Pfad, zum Beispiel 13.

Die einmal eingestellten Werte gelten für die Darstellung aller nachfolgend erzeugten Flächen. Mit einer weiteren Funktion kann für vorhandene Flächen die Darstellung der u- und v-Linien auch nachträglich verändert werden.

Beachten Sie, daß diese Einstellungen nur **Darstellungsparameter** sind und keinen Einfluß auf das rechnerinterne Modell oder auf Berechungen von Flächen haben. Das heißt, daß selbst bei einer sehr groben Darstellung mit wenigen Flächenlinien und wenigen Stützpunkten das Modell einer Fläche genauso exakt im Rechner vorliegt wie bei einer feinen Darstellung mit vielen Pfaden und Stützpunkten. Eine grobe Darstellung wird sehr oft verwendet, weil dadurch die Bildaufbauzeiten beim Neuzeichnen am Bildschirm erheblich verkürzt werden. Das nebenstehende Bild zeigt einige Varianten der Parametereinstellung für Flächenlinien.

D

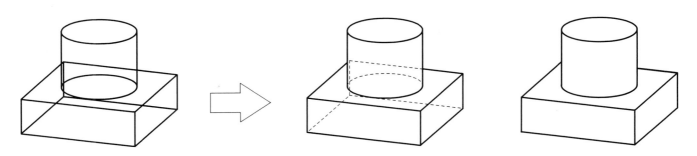

Bild 1: Verdeckte Kanten können entweder gestrichelt oder unsichtbar dargestellt werden.

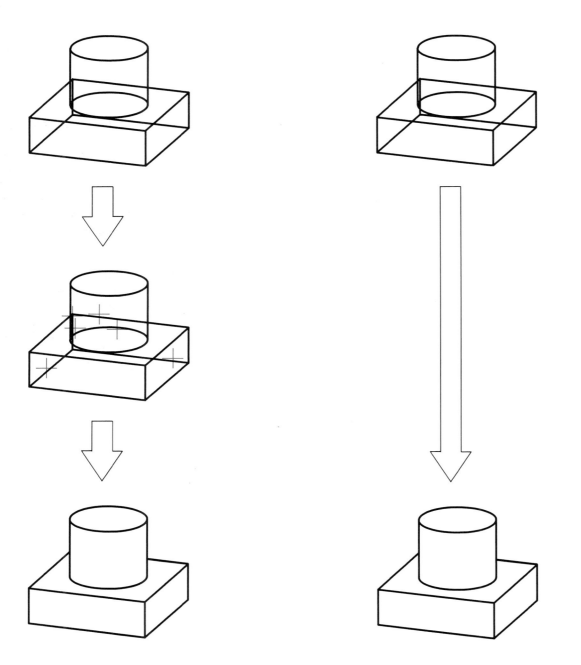

Bild 2: Manuelles Ausblenden verdeckter Kanten mit Identifizieren der Einzelkanten

Bild 3: Automatisches Ausblenden verdeckter Kanten

In der Regel werden Körper in jeder beliebigen Ansicht so dargestellt, als seien sie durchsichtig. Das heißt, daß auch alle Kanten an der Rückseite eines Modells (vom Betrachter aus gesehen) sichtbar sind. Beim Konstruieren ist dies oft sinnvoll, damit Objekte, die weiter hinten liegen, nicht durch Objekte im Vordergrund verdeckt werden. Eine solche Darstellung kann jedoch auch verwirren und kein eindeutiges Bild von der Gestalt eines Körpers liefern.

Um eine wirklichkeitsnahe und eindeutige Darstellung zu erhalten, können daher die verdeckten Kanten entfernt werden. Dies muß für die verschiedenen Ansichten eines Modells unabhängig voneinander erfolgen, da in jeder Ansicht andere Kanten sichtbar bzw. nicht sichtbar sind.

Abhängig von den Modellarten unterscheidet man zwei Vorgehensweisen beim Ausblenden von nicht sichtbaren Kanten:

- beim Kantenmodell **manuelles Ausblenden** verdeckter Kanten,
- beim Flächen- und Volumenmodell **automatisches Ausblenden** verdeckter Kanten.

Manuelles Ausblenden verdeckter Kanten

Diese Funktion ermöglicht es, verdeckte Kanten in einer bestimmten Ansicht auszublenden, ohne daß davon die übrigen Ansichten beeinflußt werden.
Es kann zwischen zwei Möglichkeiten der Ausblendung verdeckter Kanten gewählt werden (Bild 1):

- die verdeckten Kanten werden **ganz ausgeblendet**, das heißt, sie werden aus der Darstellung entfernt;
- die verdeckten Kanten werden als **gestrichelte** Kanten sichtbar gemacht.

Die Funktion blendet die **vom Bediener einzeln identifizierten** Kanten aus und sorgt dafür, daß diese Elemente nur in der gewählten Ansicht unsichtbar bzw. gestrichelt sind (Bild 2).

Da eine Körperkante auch teilweise verdeckt und teilweise sichtbar sein kann, kann sie auf folgende Arten identifiziert werden:

- Umwandeln **eines Endes** einer Kante ab einem bestimmten Grenzelement in eine verdeckte Kante,
- Umwandeln von **zwei Enden** einer Kante in verdeckte Kanten,
- Umwandeln eines **Mittelstücks** einer Kante zwischen zwei Grenzelementen in eine verdeckte Kante,
- Umwandeln des **gesamten Elements**.

Automatisches Ausblenden verdeckter Kanten

Bei der Anwendung dieser Funktion **berechnet das System**, welche Körperkanten sichtbar sind und welche durch Körper verdeckt sind (Bild 3). Die sichtbaren Körperkanten werden immer gezeichnet, die verdeckten Kanten werden nach Ausführung dieser Funktion entweder ganz **ausgeblendet** oder als **gestrichelte** Linien dargestellt.

Das Ausblenden verdeckter Kanten hat zur Folge, daß die Zeit für den Bildaufbau beim Neuzeichnen deutlich länger wird als beim Neuzeichnen ohne Ausblenden der verdeckten Kanten. Daher ist es ratsam, diese Funktion nicht ständig zu benutzen, sondern nur, wenn wichtige Zwischen- oder Endergebnisse einer Konstruktion dargestellt werden sollen.

D

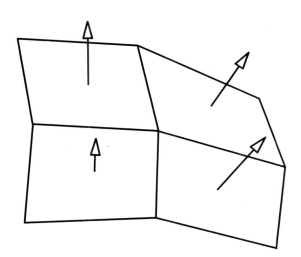

**Bild 1: Bildung der Normalenvektoren
auf die Facettenflächen**

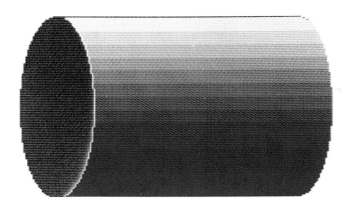

**Bild 2: Schattierte Darstellung mit konstanter
Schattierung jeder Facettenfläche**

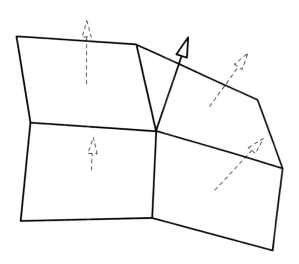

**Bild 3: Bildung des Normalenvektors an den
Eckpunkten**

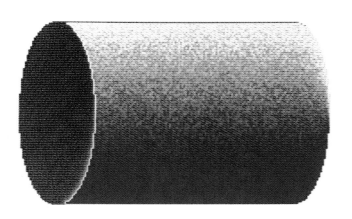

Bild 4: Weich-gezeichnetes Schattieren

Für die Erzeugung möglichst wirklichkeitsnaher Bilder gibt es neben einer genauen geometrischen Beschreibung und der Berechung verdeckter Kanten ein Verfahren zur Berechnung der Farb- oder Grauwerte jedes einzelnen Punktes auf der Körperoberfläche. Ein solches Verfahren wird als **Beleuchtungsmodell** bezeichnet. In einem solchen Modell werden alle Einflüsse auf die Erscheinung eines Bildpunktes erfaßt. Solche Einflüsse sind:

- die **Betrachtungsbedingungen**, zum Beispiel die Lage des Blickpunktes und die Blickrichtung;
- die **Oberflächenbeschaffenheit**, das heißt, die Geometrie eines Körpers und Reflexionseigenschaften seiner Oberfläche;
- **Lichtquellen**, die an verschiedenen Stellen des Modellkoordinatensystems in begrenzter Anzahl (z. B. maximal 8 Lichtquellen bei ME Serie 30) plaziert und in ihren Eigenschaften durch Parameter verändert werden können, zum Beispiel Lichtstärke, Größe, Streuwinkel;
- **Farbe** der Körperoberfläche und **Farbe** der Lichtquellen.

Zur Berechnung der Oberflächenfarbe und -helligkeit wird vom Beleuchtungsmodell nicht auf die analytische Beschreibung eines Körpers zurückgegriffen, sondern auf das Facettenmodell (siehe Baustein A 2.9).

Nachdem die Facettierung eines Körpers erfolgt ist, können die einzelnen Facetten entweder durch ihre Begrenzungslinien oder durch Ausfüllen mit Farbe dargestellt werden.

Bei der Darstellung mit **Begrenzungslinien** sieht man, daß gekrümmte Oberflächen nicht mehr abgerundet, sondern durch ebene Flächen angenähert sind.

Schattierung

Beim Ausfüllen der Facettenflächen entsteht die **schattierte Darstellung** eines Körpers. Dabei wird die Farbe der gezeichneten Objekte in Abhängigkeit von vorher gesetzten Lichtquellen und der Eigenfarbe der Oberfläche errechnet. Zur Ermittlung der Helligkeit der einzelnen Facetten wird vom System der Normalenvektor auf diese gebildet (Bild 1) und mit dem Verbindungsstrahl von der Lichtquelle zum Facettenmittelpunkt verglichen. Über photometrische Gesetzmäßigkeiten, auf die hier nicht weiter eingegangen werden soll, errechnet das System die Helligkeit. Ist zum Beispiel der Verbindungsstrahl von einer Facettenfläche zur Lichtquelle durch ein dazwischenliegendes Objekt unterbrochen, wird dies als Schatten des Objekts auf der Facettenfläche berücksichtigt und die Fläche erscheint entsprechend dunkler.

Weichschattierung

Durch die Verwendung des Flächennormalenvektors entsteht für jede Facettenfläche eine konstante Schattierungsstufe. Das hat zur Folge, daß an der Kante von einer Facettenfläche zur benachbarten ein sprunghafter Helligkeitsübergang stattfindet (Bild 2). Dies wirkt sich bei der Betrachtung gelegentlich störend aus. Daher kann bei der Schattierungsberechnung das geglättete Aussehen der ursprünglichen Körperoberfläche wiederhergestellt werden. Dies geschieht durch zusätzliche Berechnung der Normalenvektoren an den Eckpunkten der Facettenflächen (Bild 3). Die Schattierung nimmt dann einen interpolierenden, das heißt, ausgleichenden Verlauf zwischen diesen Eckpunkten an (Bild 4).

D

Lichtquellen

In der schattierten Ansicht eines Körpers können verschiedene Lichtquellen (beim CAD-System ME Serie 30 bis zu 8) plaziert werden. Eine Lichtquelle kann entweder als punktförmiges Licht im Raum oder als paralleler Lichtstrahl in quasi unendlicher Entfernung definiert werden.

Für punktförmige Lichtquellen gibt es verschiedene Definitionsparameter:

- Zunächst einmal wird ihre **Position** festgelegt durch Eingabe eines Punktes im Raum.
- Dazu kann die **Richtung**, in die der Lichtstrahl von der Lichtquelle aus scheinen soll, durch Eingabe eines Vektors bestimmt werden.
- Nun kann ein **Öffnungswinkel** für den Lichtstrahl eingegeben werden, der angibt, wie weit sich der Lichtstrahl in der gewählten Richtung nach außen öffnet.
- Weiter kann noch angegeben werden, ob die **Intensität** mit zunehmender **Entfernung** von der Lichtquelle konstant bleibt oder, wie bei realen Lichtquellen, abnimmt.
- Über die Weite des **Öffnungswinkels** kann die **Intensität** ebenfalls entweder konstant gehalten werden oder, wie in der Realität, in der Mitte des Strahls am stärksten sein und nach außen hin abnehmen.
- Jeder Lichtquelle kann eine beliebige **Farbe** zugeteilt werden.

Lichtquellen, die auf diese Art und Weise definiert sind, können nun wahlweise **ein-** oder **ausgeschaltet** werden. Dazu wird eine Lichtquelle durch ihre Nummer ausgewählt und mit der entsprechenden Eigenschaft (EIN/AUS) versehen. Außerdem kann die Definition einer Lichtquelle durch Veränderung der oben genannten Parameter jederzeit nachträglich korrigiert werden.

Farben

Mit einer speziellen Funktion wird die Farbdarstellung von Objekten gesteuert. Es besteht die Möglichkeit der Farbzuweisung zu jedem **Körper**, das heißt, jeder modellierte Körper kann eine andere Farbe als die übrigen Körper besitzen. Eine weitere Möglichkeit ist die Farbzuordnung nach **Flächen**, das heißt, jeder Einzelfläche einer Körperoberfläche kann eine eigene Farbe zugewiesen werden.

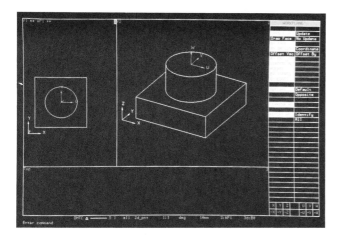

Bild 1: Anzeige von Modell- und Arbeitskoordinatensystem

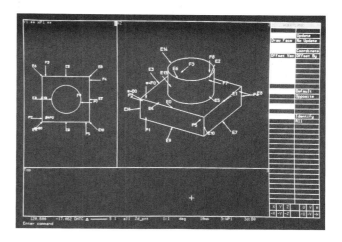

Bild 2: Elementbezeichnungen

Koordinatenanzeige

Da man beim dreidimensionalen Konstruieren mit mehreren Ansichten und ständig wechselnden Betrachtungsrichtungen arbeitet, wurde zur Erleichterung der Orientierung im Koordinatenbereich eine Funktion geschaffen, mit der man die Lage der Koordinatenachsen am Bildschirm sichtbar machen kann. Dies geschieht durch die Anzeige eines Koordinatensystem-Symbols mit den Achsen und Richtungsangaben. Es kann sowohl das **Modellkoordinatensystem** x, y, z als auch das **Arbeitskoordinatensystem** u, v, w (oder XT, YT, ZT) angezeigt werden (Bild 1).

Elementbezeichnungen

Um einen Überblick über die erzeugten Elemente zu erhalten, gibt es die Möglichkeit, verschiedene Elemente am Bildschirm durch einen Namen mit Bezugslinie zu diesem Element zu versehen. So können sowohl Körperkanten, Körperoberflächen als auch komplette Volumenkörper bezeichnet werden (Bild 2). Bei vielen Funktionen, innerhalb deren Ausführung Kanten, Flächen oder Körper identifiziert werden müssen, kann anstelle von grafischer Identifizierung auch der Name der entsprechenden Elemente eingegeben werden. Die Namen werden vom System vergeben und bestehen aus einem Buchstaben und einer fortlaufenden Nummer in der Reihenfolge der Erzeugung der Elemente. Die Buchstaben sind:

> E für Kanten (engl. **e**dge), z.B. E10, E11
> F für Flächen (engl. **f**ace), z.B. F2
> B für Körper (engl. **b**ody), z.B. B1

D

1) Geben Sie die Parameter an, die für die Flächenpfade folgender Fläche eingegeben wurden.

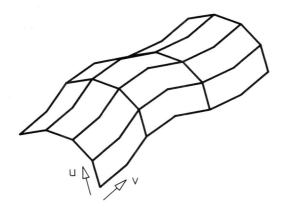

_____

_____

_____

_____

2) In welchem Verhältnis stehen Stützpunkte der Pfade zur Genauigkeit der Oberfläche?

_____

3) Welchen Einfluß haben diese Darstellungsparameter auf das rechnerinterne Modell?

_____

4) Wie funktioniert das automatische Ausblenden verdeckter Kanten beim Kantenmodell?

_____

5) Worin liegt der Nachteil der Funktion „Ausblenden verdeckter Kanten"?

_____

6) Welche Einflüsse werden bei einem Beleuchtungsmodell berücksichtigt?

_____

_____

_____

7) Was versteht man unter Facettierung?

_____

8) Welche Einstellmöglichkeiten gibt es für punktförmige Lichtquellen?

_____   _____   _____

_____   _____   _____

_____   _____   _____

9) Wofür stehen die Buchstaben E, F, B bei der Bezeichnung der Elemente?

_____

_____

_____

D

Baustein 3: Konstruktionshilfen

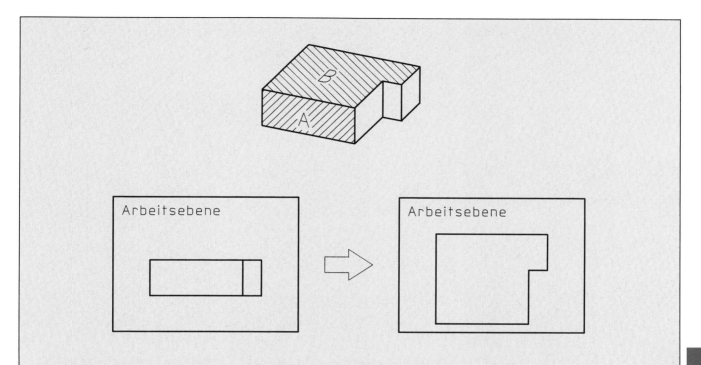

Bild: Wechsel der Arbeitsebene von Fläche A nach Fläche B

Beim dreidimensionalen Konstruieren gibt es eine ganze Reihe von praktischen Systemfunktionen, die den Konstrukteur bei der Erzeugung und Handhabung eines Konstruktionsobjektes unterstützen. Die Funktionen betreffen zum einen die Festlegung des geeigneten Arbeitsraumes oder die Wahl einer Arbeitsebene, die ihm ermöglicht, in jeder beliebigen räumlichen Position Objekte einfach zu erzeugen (Bild).

Zum anderen kann man die Zeichnung so strukturieren, daß einzelne Elemente zu sinnvollen Gruppen zusammengefaßt werden. Dies ermöglicht zum Beispiel die Bildung von Schnitten durch ein Modell oder die Erstellung von Zusammenbau- oder Explosionszeichnungen durch entsprechende Anordnung der zuvor gebildeten Gruppen.

D

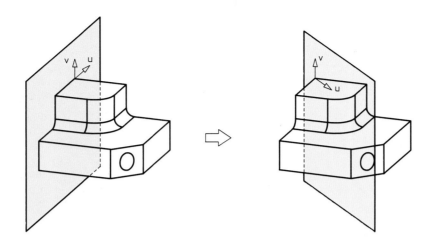

Bild 1: Drehung des Arbeitsraumes

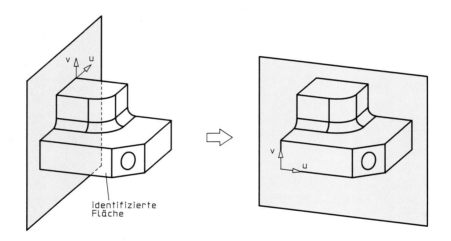

Bild 2: Arbeitsebene wird auf eine vorhandene Fläche gelegt

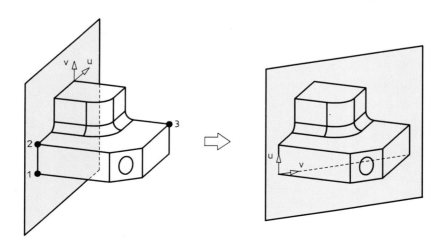

Bild 3: Definition der Arbeitsfläche durch 3 Punkte

Jedes Konstruktionsobjekt basiert auf einem Modell-koordinatensystem. Zur Arbeitserleichterung kann der Konstrukteur an jeder Stelle im Raum zusätzlich ein **Arbeitskoordinatensystem** definieren. Dieses Koordinatensystem wird oft auch als **Arbeitsraum** bezeichnet, da man sich beim Konstruieren an dessen Achsrichtungen orientiert. Es wird beispielsweise mit den Richtungen XT, YT, ZT oder u, v, w bezeichnet. Die XT-YT-Ebene (u-v-Ebene) wird dabei als **Arbeitsebene** bezeichnet.

Diese Arbeitsebene dient beim **Volumenmodell** als Ausgangsebene, in der zweidimensionale Profile gezeichnet werden, um aus ihnen dreidimensionale Körper zu modellieren. Beim **Kanten-** und **Flächenmodell** bezieht sich die Eingabe von Elementen ebenfalls auf die Koordinatenrichtungen der Arbeitsebene.

Die Arbeitsebene kann am Bildschirm auf mehrere Arten sichtbar gemacht werden:

– durch ein eingeblendetes Arbeitskoordinatensystem mit den Richtungen der drei Achsen u, v, w;
– durch Darstellung einer Rechteckfläche, die genau in der Arbeitsebene liegt und diese symbolisiert;
– dadurch, daß gleichzeitig mit der Definition eines neuen Arbeitsraumes die Ansicht des Modells so verändert wird, daß die Arbeitsebene gleich der Bildschirmebene ist. Das heißt, beim Erstellen zweidimensionaler Profile oder Elemente kann man wie bei einem 2D-System in der Bildschirmebene arbeiten.

Konstruktionsobjekte werden in der Regel von mehreren Seiten bearbeitet, so daß es erforderlich ist, die Lage der Arbeitsebene im Verlauf einer Konstruktion mehrfach zu verändern.

Da ein Arbeitsraum oft zu einem späteren Zeitpunkt erneut benötigt wird, ist es möglich, einen bestimmten Arbeitsraum mit einer Ansicht abzuspeichern. Wird diese Ansicht dann zur aktuellen Ansicht gemacht, wird auch der dazugehörige Arbeitsraum zum aktuellen u-v-w-Koordinatensystem.

Nachfolgend werden einige Funktionen vorgestellt, mit denen ein neues Arbeitskoordinatensystem festgelegt werden kann.

Drehung um eine beliebige Achse

Der gegenwärtige Arbeitsraum wird um eine vom Konstrukteur zu identifizierende Achse gedreht. Diese Achse kann entweder eine Koordinatenachse, also x, y, z, u, v oder w, eine beliebige Kante des Konstruktionsobjekts oder ein Vektor sein. Nach Angabe der Achse wird der Drehwinkel eingegeben und das System ändert die Lage der Arbeitsebene (Bild 1).

Auf einer vorhandenen ebenen Fläche

Nach dem Identifizieren einer Körperfläche wird der Arbeitsraum so gedreht und verschoben, daß die Arbeitsebene auf der identifizierten Fläche liegt. Die Arbeitsebene wird so auf die Fläche gelegt, daß die **W-Achse** des Arbeitskoordinatensystems vom Körper **weg** zeigt (Bild 2).

Angabe eines Punktes und einer Linie, die in Normalenrichtung der Arbeitsebene liegt

Der Ursprung des neuen u-, v-, w-Koordinatensystems liegt im definierten Punkt. Die v-Achse liegt auf der lotrechten Verbindung vom Punkt zur Linie. Die identifizierte Linie steht senkrecht auf der neu definierten Arbeitsebene (parallel zur w-Achse). Die positive Richtung der w-Achse wird durch Selektieren eines Linienendes bestimmt.

Angabe eines Punktes und einer Linie, die parallel zur u-Achse verläuft

Der angegebene Punkt legt den Koordinatenursprung fest. Die u-Achse der neuen Arbeitsebene verläuft vom Ursprung ausgehend parallel zur identifizierten Linie. Die v-Achse liegt auf der lotrechten Verbindung vom Punkt zur Linie.

Angabe eines Punktes und einer ebenen Fläche

Der gegenwärtige Arbeitsraum wird so verschoben und gedreht, daß die neue Arbeitsebene parallel zu einer identifizierten Ebene liegt und der Ursprung des neuen Arbeitskoordinatensystems an einem identifizierten Punkt liegt.

Angabe von 3 Punkten

Der neue Arbeitsraum wird durch 3 Punkte definiert, die nicht auf einer Linie liegen dürfen. Der erste identifizierte Punkt ist der Ursprung des neuen Arbeitskoordinatensystems, der zweite Punkt liegt auf der U-Achse und der dritte Punkt liegt in der neuen Arbeitsebene auf der Seite der U-Achse, in die die positive V-Achse zeigt (Bild 3).

D

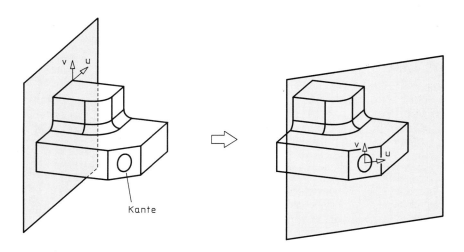

Bild 4: Angabe einer bogenförmigen Kante, in der die neue Arbeitsebene liegt

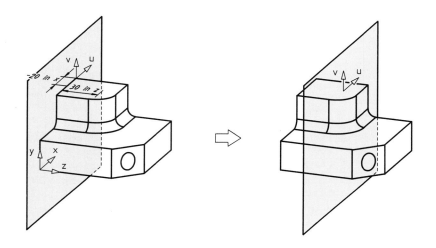

Bild 5: Verschiebung der Arbeitsebene um die Komponenten eines Vektors

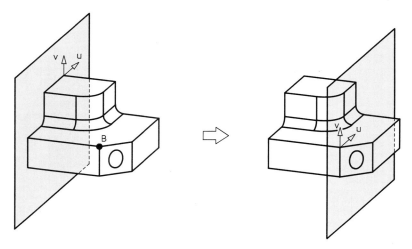

Bild 6: Parallelverschiebung der Arbeitsebene in den Punkt B

Angabe von zwei Linien oder einer bogenförmigen Kante

Zur Definition einer neuen Arbeitsebene durch zwei Kanten müssen zwei Linien identifiziert werden, die komplanar sind, das heißt, die in einer Ebene liegen. Diese Ebene ist dann die neue Arbeitsebene. Alternativ zur Eingabe von **zwei** Kanten genügt die Identifizierung **einer** bogenförmigen ebenen Kante (Bild 4).

Verschiebung des Arbeitsraumes

Der Arbeitsraum kann unter **Beibehaltung der Achsrichtungen** U, V und W so verschoben werden, daß der Ursprung des Arbeitskoordinatensystems eine neue Position erhält. Dies ist möglich entweder durch Eingabe eines **Vektors** (Bild 5), der die Verschiebung bestimmt oder durch Identifizieren eines vorhandenen **Punktes** (Bild 6), auf den der Ursprung verschoben wird.

D

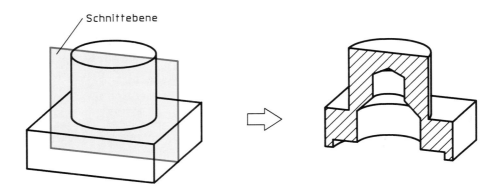

Bild 1: Clipping beim Volumenmodell

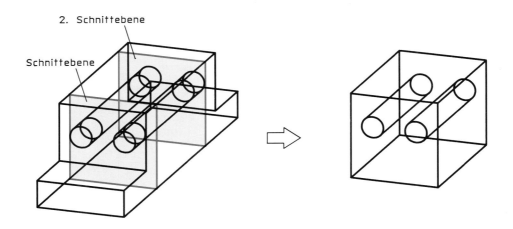

Bild 2: Clipping beim Kantenmodell

Innerhalb einer bestimmten Ansicht eines Modells kann eine beliebige Ebene als **Schnittebene** definiert werden. Das bedeutet, daß auf einer Seite – entweder vor oder hinter der Schnittebene – alle gezeichneten Elemente **ausgeblendet** werden. Man spricht in diesem Zusammenhang auch von Clipping oder Clip-Funktion (engl.: clip = abschneiden). Diese Schnittbildung ist in jeder vorhandenen Ansicht eines Modells mit einer beliebigen Ebene möglich. Ob der Bereich vor oder hinter der Schnittebene unsichtbar werden soll, wird vom Konstrukteur angegeben.

Bei einigen CAD-Systemen findet man noch eine weitere Variante dieser **Clip-Funktion**. Es werden zwei zueinander parallele Ebenen angegeben. Das System schneidet dann die Elemente vor der vorderen Ebene und hinter der hinteren Ebene weg und läßt nur den Bereich zwischen den beiden Ebenen stehen.

Die Clip-Funktion wird hauptsächlich aus zwei Gründen benötigt:

– Beim **Volumenmodell** dient sie dazu, Objekte „von innen" zu betrachten. Dadurch, daß man Teile eines Modells entfernt, werden innenliegende Bestandteile, die vorher verdeckt waren, sichtbar (Bild 1).

– Beim **Kantenmodell** dient die Clip-Funktion dazu, die Darstellung übersichtlicher zu machen. Wenn in einem Modell sehr viele Kanten hintereinander liegen, kann es bei der Betrachtung leicht zu Verwechslungen oder Verwirrungen kommen. Mit der Angabe einer Schnittebene können nicht benötigte Bereiche entfernt werden. In Bild 2 sind zum Beispiel zwei Schnittebenen angegeben.

Die Clip-Funktion bewirkt nur eine Veränderung der **Darstellung** von Objekten. Die wirkliche **Geometrie** dieser Objekte bleibt erhalten, das heißt Bereiche, die mittels Clipping abgeschnitten wurden, können jederzeit wieder sichtbar gemacht werden.

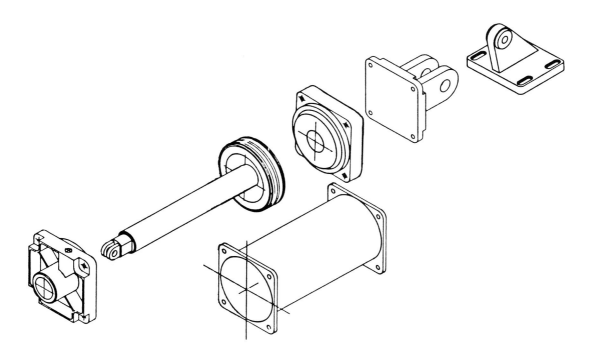

Bild: Explosionsdarstellung eines Hydraulikzylinders

Wie beim zweidimensionalen Arbeiten können auch im 3D-Bereich **Elemente** zu **Gruppen** zusammengefaßt und als solche gemeinsam bearbeitet, beispielsweise gelöscht oder verschoben werden. Insbesondere beim 3D-Kantenmodell funktioniert die Gruppenbildung gleich wie bei 2D-Systemen, da die kleinsten ansprechbaren Einheiten ebenfalls **Linien** und **Kurven** sind. Beim 3D-Volumenmodell bilden Körper diese kleinsten Einzelelemente, in denen alle Kanten und Oberflächen zusammengefaßt sind. Diese einzelnen Körper können ebenfalls zu Baugruppen zusammengefaßt und als solche gemeinsam angesprochen werden. Durch geeignete Zusammenfassung von Elementen und anschließendes Verschieben entlang festgelegter Achsen läßt sich sehr schnell eine Explosionszeichnung erstellen (Bild).

D

D 3.8 Aufgaben zum Baustein „Konstruktionshilfen"

1) Eine Arbeitsebene läßt sich am Bildschirm auf mehrere Arten sichtbar machen. Auf welche?

a) _____

b) _____

c) _____

2) In welche Richtung zeigt die w-Achse, nachdem ein Koordinatensystem auf eine vorhandene ebene Fläche gelegt wurde?

_____

3) Durch welche Angaben kann ein neues Arbeitskoordinatensystem definiert werden? Nennen Sie fünf Möglichkeiten!

_____

_____

_____

_____

_____

4) Was versteht man unter einer „Clip-Funktion"?

_____

5) Welchen Vorteil hat die Gruppenbildung?

_____

Baustein 4: Hilfsgeometrie

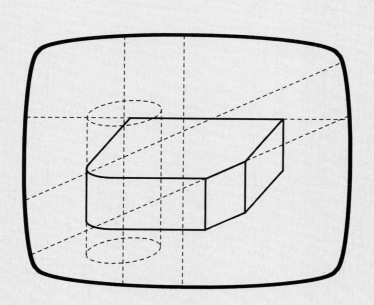

Bild: Hilfsgeometrie beim 3D-CAD-System

Wie beim zweidimensionalen Konstruieren gibt es auch im dreidimensionalen Bereich die Möglichkeit, sich beim Definieren der Geometrie an **Hilfselementen** zu orientieren, die man auch als **Konstruktions-Hilfselemente** oder **Konstruktionselemente** bezeichnet. Die verfügbaren Hilfselemente lassen sich in drei Gruppen unterteilen. Es gibt:

– Konstruktionspunkte
– Konstruktionslinien
– Konstruktionsflächen

In diesem Baustein wird Ihnen gezeigt, wie solche Konstruktionselemente erzeugt werden.

D

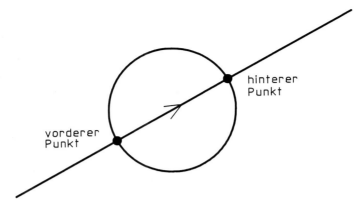

Bild 1: Strahl und Kreis

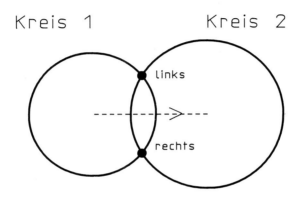

Bild 2: Zwei Kreise mit Verbindungslinie der beiden Mittelpunkte

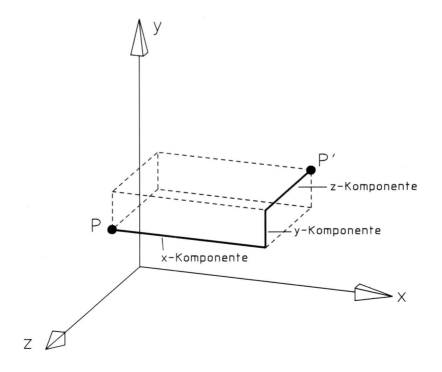

Bild 3: Versetzung entlang der Koordinatenachsen

3D-Konstruktionspunkte

Als Konstruktionspunkte lassen sich spezielle Punkte des aktiven Körpers, z.B. Eckpunkte, Schnittpunkte von Hilfslinien, Durchstoßpunkte durch eine Ebene oder Mittelpunkte von Kurven bzw. Oberflächen definieren. Dies erfolgt entweder durch Koordinateneingabe oder durch Eingabe über das Tablett. Im allgemeinen werden 3D-Konstruktionspunkte mit einem Namen versehen.

Auswahl von Schnitt- bzw. Eckpunkten

Bei der Definition eines Schnittpunktes als Konstruktionspunkt kann es vorkommen, daß pro Befehl mehrere Schnittpunkte zur Auswahl stehen, z.B. Schnittpunkte zweier Kreise oder Schnittpunkte von Kreis und Strahl. Sollte diese Möglichkeit bestehen, gibt es verschiedene Auswahlverfahren:

- Durchnumerierung
  Das System teilt jedem möglichen Punkt eine Nummer zu und erwartet die Eingabe der Zahl des gewünschten Punktes.

- Bezug auf den Anfangspunkt
  Wenn eine der beteiligten Linien eine Richtung besitzt, fragt das System, ob der vordere oder hintere Punkt gemeint ist (Bild 1).

- Angabe einer Seite
  Schneidet man zwei Kreise, ergeben sich zwei mögliche Schnittpunkte. Das System fragt nach, auf welcher Seite, bezogen auf die Verbindungslinie der beiden Kreismittelpunkte, der Punkt liegen soll (Bild 2).

Definition von Kurven- bzw. Oberflächenmittelpunkten

Da Mittelpunkte in einer Zeichnung häufig nicht als Schnittpunkte oder Eckpunkte sichtbar, als Konstruktionshilfen jedoch unerläßlich sind, bedarf es eines speziellen Befehls, um solche Punkte als Konstruktionshilfen zu definieren. Wählt man die entsprechende Option und identifiziert danach die Kurve oder Oberfläche, zu der der Mittelpunkt gesucht wird, so errechnet das System den Mittelpunkt und definiert ihn als 3D-Konstruktionspunkt.

Versetzen eines 3D-Konstruktionspunktes

Beim Konstruieren ist es manchmal nötig, Hilfspunkte zu versetzen. Sind die Koordinaten bekannt, genügt es, nach Wahl der geeigneten Option, die neuen **Koordinaten** einzugeben. Im allgemeinen wird eine Versetzung festgelegt durch einen **Versetzungsvektor**. Dieser Versetzungsvektor läßt sich definieren, indem man einen beliebigen existierenden Punkt als Zielpunkt bestimmt. Der Vektor geht vom Ursprung zu diesem ausgewählten Punkt. Zeigt schon irgendeine Linie in Versetzungsrichtung, muß kein neuer Vektor definiert werden. Die Eingabe reduziert sich darauf, den Betrag der Versetzung einzugeben und diese Linie, zu welcher der Punkt parallel versetzt werden soll, zu identifizieren. Existiert keine Linie in Versetzungsrichtung oder ist die Vektordefinition zu kompliziert, kann man den Punkt auch komponentenweise entlang der Koordinatenachsen versetzen, indem man den gedachten Versetzungsvektor auf die Richtungen der Koordinatenachsen projiziert und die Versetzung koordinatenweise durchführt (Bild 3). Die Optionen dafür sind im Funktionsumfang des CAD-Systems enthalten, so daß sich die Versetzung auf die Wahl der entsprechenden Option und die Eingabe der **Komponenten** beschränkt.

D

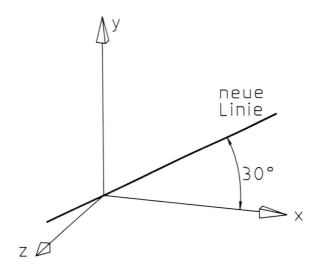

Bild 1: Konstruktionslinie durch einen Punkt mit Winkelangabe

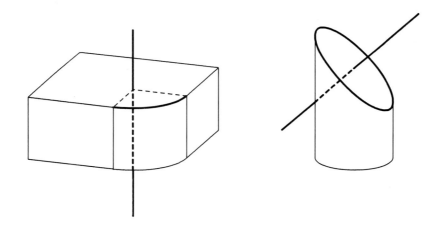

Bild 2: Konstruktionslinie normal auf Kurvenfläche

3D-Konstruktionslinien

Um das Konstruieren zu erleichtern, werden Konstruktionslinien mit einer Richtung und mit einem Namen versehen. Diese Hilfslinien lassen sich kopieren, wobei sie in ihrer Richtung umgedreht oder z.B. durch einen Versetzungsvektor (siehe D 4.3: Versetzen eines Konstruktionspunktes) verändert werden können. Man unterteilt 3D-Konstruktionslinien in:

– Geraden
– Kreise
– Ellipsen
– Schnittlinien.

Ihre Erzeugung wird im folgenden näher erläutert.

Geraden

Die geläufigste Definition einer geraden Linie ist auch im 3D-Bereich die Gerade durch **zwei Punkte**. Da eine Punkteingabe manchmal schwer oder gar unmöglich ist, z.B. bei Tangenten, kann man bestehende Linien als Konstruktionshilfen gebrauchen.

Soll beispielsweise eine **Parallele zu einer schon bestehenden Linie** gezeichnet werden, genügt es, den Punkt, durch den die neue Linie gehen soll, und die Richtung der neuen Linie anzugeben. Durch den entsprechenden Befehl des Funktionsumfangs und Identifizieren der schon bestehenden Linie wird die Parallele erzeugt.

Nach der Definition des ersten **Punktes** kann die Bestimmung des zweiten Punktes komponentenweise durch die **Eingabe der Koordinaten** vom definierten Punkt aus erfolgen.

Kennt man den Winkel, unter welchem eine Linie zu einer anderen gezeichnet werden soll, so gibt man erstens den **Punkt** an, durch den die neue Linie laufen soll, zweitens den **Winkel**, um den die neue Linie gedreht sein soll, drittens die **Linie, an der der Winkel abgetragen werden soll** und schließlich viertens die **Linie, um die herum gedreht werden soll**. Ein Beispiel dafür wäre eine neue Linie durch den Punkt (0, 0, 0); Winkel 30°; Linie, an der abgetragen werden soll: x-Achse; Linie, um die gedreht werden soll: z-Achse (Bild 1).

Will man die **Normale** auf einer Oberfläche **durch einen bestimmten Punkt** als 3D-Konstruktionslinie benutzen, versagt das Erstellen der Linie durch zwei Punkte, da der Normalenfußpunkt in der Regel unbekannt ist. Ist ein Punkt, durch den die Normale laufen soll, bekannt, so läßt sich die Hilfslinie durch einen Befehl aus dem Funktionsumfang und durch Identifizieren der Oberfläche, auf der die Normale senkrecht stehen soll, erzeugen.

Durch einen bestimmten Befehl, der im System enthalten ist, kann man die **Mittelachse** einer gekrümmten Kurve oder Fläche definieren (siehe auch D 4.3: Definition von Kurven und Oberflächenmittelpunkten). Bei Ellipsen oder Kreisen geht die Konstruktionslinie durch den Mittelpunkt und steht senkrecht auf der Ebene, die durch die Kurve aufgespannt wird (Bild 2).

D

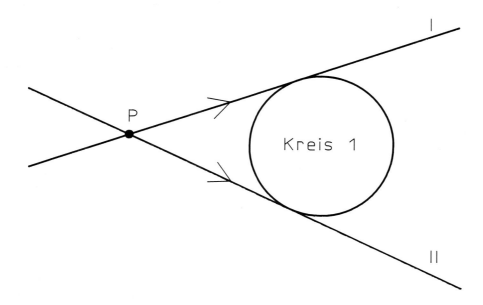

Bild 1: Tangente durch Punkt

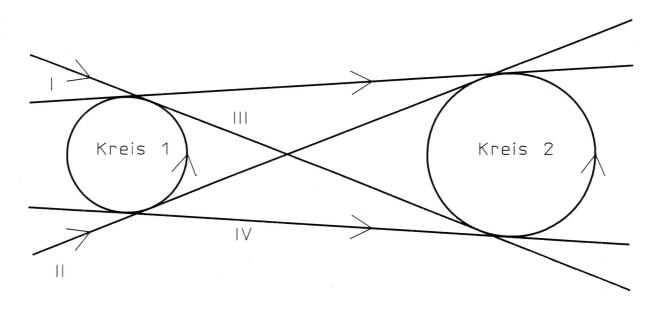

Bild 2: Tangente an 2 Kreise

Um **Tangenten** erstellen zu können, gibt es einen speziellen Befehl. Dieser erlaubt es, sowohl die Tangente durch einen Punkt an einem Kreis, als auch die Tangente an zwei Kreise zu konstruieren. Nachdem der entsprechende Befehl eingegeben wurde, muß zunächst der Kreis identifiziert werden, an den die Tangente gelegt werden soll. Je nach Anwendungsaufgabe kann nun nochmals derselbe Befehl eingegeben und ein weiterer Kreis identifiziert werden (Tangente an zwei Kreise) oder man gibt einen Punkt an, durch den die Tangente laufen soll. In beiden Fällen jedoch sind mehrere Tangenten möglich. Um Eindeutigkeit zu erlangen, vergleicht man den Umlaufsinn der Kreise mit den Tangentenrichtungen.

Man unterscheidet zwischen **gegenlaufenden Tangenten** (Tangente und Kreis haben entgegengesetzte Richtung) und **mitlaufenden Tangenten** (Tangente und Kreis haben gleiche Richtung).

Beispiel: Tangente durch Punkt
Ablauf der Eingabe (Bild 1):
I. Befehl: Tangente gegenlaufend/
              Kreis 1 identifizieren/Punkt P
II. Befehl: Tangente mitlaufend/
              Kreis 1 identifizieren/Punkt P

Beispiel: Tangente an zwei Kreise
Hier sind folgende Eingaben möglich (Bild 2):
I.   Tangente gegenlaufend / Kreis 1 identifizieren
     Tangente gegenlaufend / Kreis 2 identifizieren
II. Tangente mitlaufend / Kreis 1 identifizieren
     Tangente gegenlaufend / Kreis 2 identifizieren
III. Tangente gegenlaufend / Kreis 1 identifizieren
     Tangente mitlaufend / Kreis 2 identifizieren
IV. Tangente mitlaufend / Kreis 1 identifizieren
     Tangente mitlaufend / Kreis 2 identifizieren

Kreise

Die Definition von Kreisen erfolgt ähnlich wie im 2D-Bereich. Allerdings muß die Lage im Raum berücksichtigt werden. Bei vielen Eingaben ist die Lage eindeutig festgelegt, z. B. bei der Eingabe von 3 Punkten oder Mittelpunkt und 2 Punkten. In einigen Fällen jedoch ist sie noch offen, z. B. bei der Eingabe von Radius und Mittelpunkt oder Radius und 2 Punkten usw. Die Lage des Kreises läßt sich definieren, indem man die Richtung der Mittelachse – das ist die Linie durch den Kreismittelpunkt senkrecht zu der vom Kreis aufgespannten Fläche – festlegt. Unterläßt man die Achsendefinition, wird der Kreis in die x-y-Ebene gelegt, d.h. die Mittelachse zeigt in z-Richtung.

Manchmal sind mehrere Kreise möglich, z.B. bei der Eingabe einer Tangente und zweier Punkte. In diesem Fall kann man mit den auf Seite D 4.2 erklärten Methoden den gewünschten Kreis auswählen. In einigen Fällen erwartet das System über eine vorhandene Option die Eingabe eines ungefähren Radiuswertes, um den gewünschten Kreis unter den möglichen Kreisen auswählen zu können. Es empfiehlt sich, Tangentenpunkte mit einem Namen zu versehen, um das weitere Arbeiten zu erleichtern.

Ellipsen

Elliptische 3D-Konstruktionslinien werden erzeugt, indem man nach Eingabe des entsprechenden Befehls den Mittelpunkt, die Normalenrichtung zur Ellipsenebene und von beiden Halbachsen sowohl Länge als auch Richtung angibt.

Schnittlinien

Schnittlinien erhält man, wenn man nach Wahl der Option für Schnittlinien die beiden Oberflächen identifiziert. Ist mehr als eine Schnittlinie möglich, muß ein Punkt auf der gewünschten Schnittlinie gewählt werden.

D

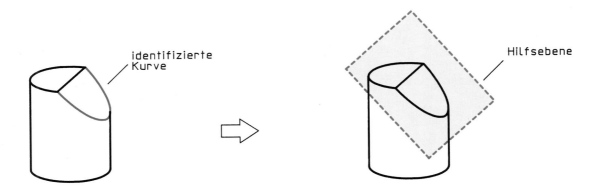

Bild 1: Konstruktions-Hilfsebene aus einer gebogenen Kurve

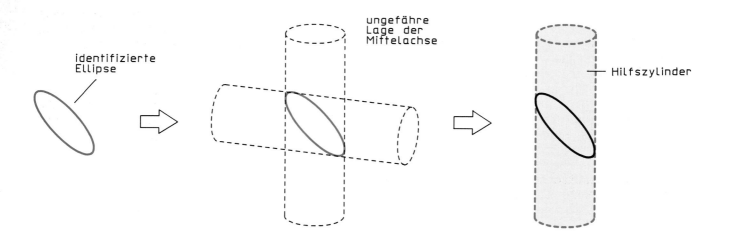

Bild 2: Konstruktions-Hilfszylinder aus einer Ellipse und der Lage der Mittelachse

3D-Konstruktionsflächen

Konstruktionsflächen können neu erstellt oder von schon bestehenden Flächen abgeleitet werden. Nach der Eingabe eines Namens läßt sich jede Fläche eines bestehenden Körpers durch Identifizieren als neue Konstruktionsfläche definieren. Konstruktionsflächen lassen sich ebenfalls mit einem Versetzungsvektor verändern (siehe D 4.3). Bei der Erstellung **neuer** Flächen stehen folgende Optionen zur Verfügung, auf die hier näher eingegangen wird:

- Ebene
- Zylinder
- Kegel
- Kugel
- Torus

Ebene

Es gibt unterschiedliche Definitionen, wodurch eine Ebene eindeutig festgelegt wird. Folgende Eingaben sind nach Wahl der Option Ebene möglich:

- drei Punkte:
  Die neue Ebene enthält alle drei Punkte. Um eine Ebene eindeutig zu definieren, dürfen die Punkte nicht auf einer Linie liegen.

- ein Punkt und eine parallele Ebene:
  Die neue Ebene verläuft parallel zu der identifizierten Ebene durch den gewählten Punkt.

- ein Punkt und eine Senkrechte:
  Durch die Eingabe eines Punktes und durch Identifizieren einer geraden Linie (oder Eingabe eines Vektors) entsteht eine ebene Fläche durch den Punkt senkrecht zur gewählten Geraden.

- zwei parallele oder sich schneidende Linien:
  Die neue Ebene beinhaltet beide Linien.

- eine ebene, gebogene Kurve:
  Die neue Konstruktionsebene liegt in der von der Kurve aufgespannten Fläche (Bild 1).

Zylinder

Eine zylindrische Oberfläche ist durch eine der drei folgenden Möglichkeiten definiert:

- Radius und Mittelachse:
  Durch Festlegen der Zylinderachse und Eingabe des Radius ist die Konstruktionsfläche eindeutig definiert.

- Kreisfläche:
  Durch Identifizieren eines bestehenden Kreises wird der Zylinder längs dessen Mittelachse (Achse durch den Mittelpunkt, senkrecht zu der vom Kreis aufgespannten Fläche) gezeichnet.

- Ellipse und Angabe der ungefähren Zylinderachse:
  Wird ein Zylinder schräg zu dessen Mittelachse durchschnitten, so ist die Schnittfläche eine Ellipse.

  Ist umgekehrt eine Ellipse gegeben, so gibt es genau zwei Zylinder, die diese Ellipse als Schnittfläche besitzen; durch Angabe der ungefähren Zylinderachse wählt das System den Zylinder als zylindrische Konstruktionsfläche, dessen Achse der eingegebenen Achse am nächsten kommt (Bild 2).

Kegel

Wurde die Option Kegel gewählt, müssen ein Punkt, eine Richtung und ein Radius eingegeben werden. Die gewünschte kegelförmige Konstruktionsfläche besitzt dann eine Achse durch den gegebenen Punkt mit der eingegebenen Richtung und eine Grundfläche mit dem gewünschten Radius. Um die Höhe festzulegen, gibt man den Halbwinkel der Spitze an. Man kann den Winkel in Grad oder als Sinus- bzw. Cosinuswert eingeben.

Kugel

Um eine kugelförmige Konstruktionsfläche zu erhalten, gibt man nach der entsprechenden Option den Mittelpunkt und den Wert für den Radius ein.

Torus

Eine Torusfläche ist eindeutig definiert, wenn man den Mittelpunkt, die Richtung für die Mittelachse, den großen und den kleinen Radius eingibt.

D

1) *In welche Gruppen lassen sich Hilfselemente einteilen?*

2) *Welche Methoden zur Auswahl von Schnitt- bzw. Eckpunkten gibt es, wenn mehrere Punkte möglich sind?*

3) *Wie werden Kurven- bzw. Oberflächenmittelpunkte definiert?*

4) *Welche Möglichkeiten gibt es, einen 3D-Konstruktionspunkt zu versetzen?*

5) *Gegeben sind die Kreise K_1, K_2. Der Anwender will eine Hilfslinie an beide Kreise legen und gibt folgendes ein: Tangente mitlaufend/K_1/Tangente mitlaufend/K_2.*

Wo liegt die erzeugte Tangente?

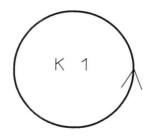
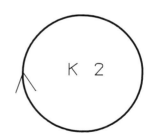

6) *Als Konstruktionshilfslinie soll ein Kreis definiert werden. In welcher Ebene liegt der Kreis, wenn man die Definition der Mittelachse unterläßt?*

7) *Durch welche Angaben ist eine Ellipse als Hilfselement im dreidimensionalen Raum definiert?*

8) Welche Möglichkeiten gibt es, eine Hilfsebene im Raum zu definieren?

_____

_____

_____

_____

9) Aus einer gegebenen Ellipse soll eine zylindrische Hilfsfläche erzeugt werden.

a) Wieviele Zylinder sind zu dieser Schnittfläche möglich?

_____

b) Welche Angabe ist zusätzlich erforderlich, um genau einen Zylinder auszuwählen?

_____

10) Wie wird die Höhe einer kegelförmigen Konstruktionsfläche festgelegt?

_____

D

Baustein 1: Modellverwaltung

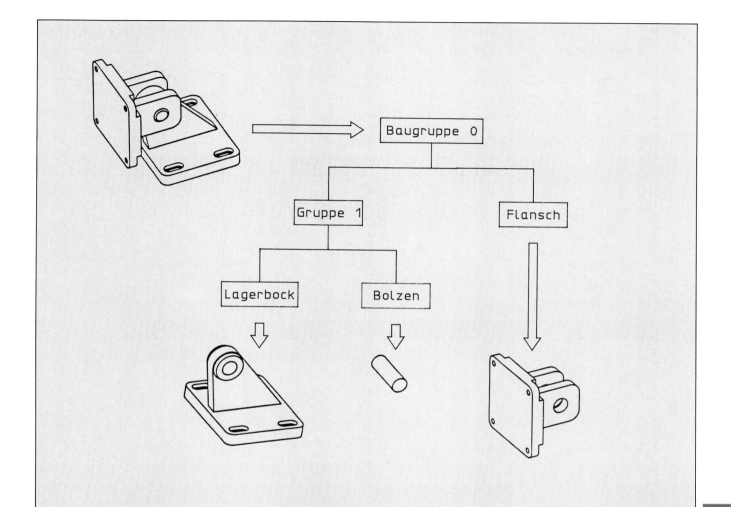

Die Art und Weise, wie Elemente von 3D-Modellen im CAD-System verwaltet werden, hängt von der zugrundeliegenden Modellart ab. Beim Kanten- und Flächenmodell hat man es – ähnlich wie in einem 2D-CAD-System – mit einzelnen **Kanten** und **Flächen** zu tun, die den kleinsten bearbeitbaren Bestandteil eines Modells darstellen. Beim 3D-Volumenmodell ist die kleinste Einheit der **Körper**.

In diesem Baustein erfahren Sie, wie eine aus verschiedenen Körpern aufgebaute Konstruktion strukturiert wird. Außerdem wird Ihnen gezeigt, wie Modelldaten strukturiert, abgespeichert und verwaltet werden.

E

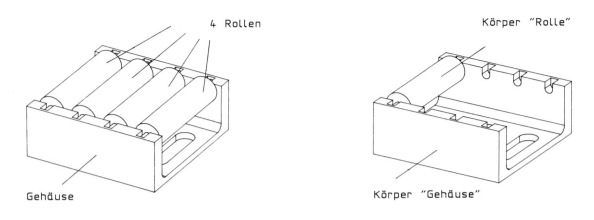

Bild 1: Beispiel Rollenführung

Bild 2: Die Einzelkörper

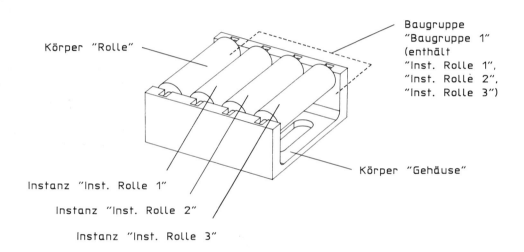

Bild 3: Anlegen einer Baugruppe aus Instanzen

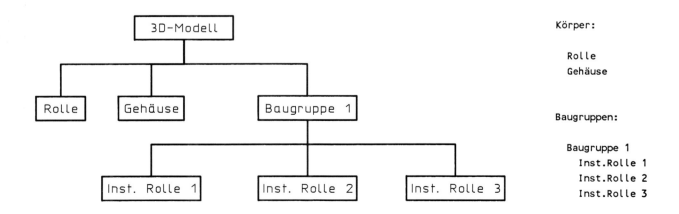

Bild 4: Modellstruktur

Körper:

  Rolle
  Gehäuse

Baugruppen:

  Baugruppe 1
    Inst.Rolle 1
    Inst.Rolle 2
    Inst.Rolle 3

Bild 5: Teileliste

Ein Konstruktionsmodell besteht in der Regel aus mehreren Einzelkörpern (Bild 1 und 2). In vielen Fällen gibt es dabei Einzelkörper, die im Modell in gleicher Version mehrfach vorkommen – man spricht dann von einem Originalkörper und mehreren Kopien.

Durch eine geeignete Strukturierung des Modells kann man erreichen, daß in den abzuspeichernden Daten der Originalkörper nur einmal vorkommt. Die Kopien werden als Verweise zum Originalkörper, sogenannte **Instanzen**, angelegt. Durch diese Methode erreicht man eine Speicherplatzersparnis, die gerade beim Volumenmodell durch die Komplexität der Daten der Einzelkörper ins Gewicht fällt.

Eine **Geometrieänderung** des Originalkörpers ruft auch eine Änderung an allen Instanzen dieses Körpers hervor. Das hat den Vorteil, daß nachträgliche Korrekturen an mehreren gleichen Teilen nur an **einem** dieser Teile ausgeführt werden müssen. Soll jedoch ein Körper verändert werden und seine Kopie unverändert bleiben, funktioniert dies nicht, wenn die Kopie eine Instanz ist. Für diesen Fall müßte die Kopie als **eigenständiger Körper** erzeugt werden. Instanzen lassen sich zu **Baugruppen** zusammenfassen (Bild 3).

Eine **Baugruppe** ist von ihrer Datenstruktur her eine Liste mit Verweisen auf verschiedene Körper, am Bildschirm wird jedoch die Geometrie aller Körper und Instanzen dargestellt.

Zusammenfassend läßt sich folgende Struktur erkennen:

– Ein Modell besteht aus zwei Arten von **Teilen**: Körper und Baugruppen.

– Körper enthalten die Beschreibung der **Geometrie,** Baugruppen enthalten **Instanzen**, d. h. Verweise zu Körpern.

– Es gibt immer ein **aktuelles** Teil. Dieses kann eine Baugruppe oder ein Körper sein. Veränderungen können nur am aktuellen Teil vorgenommen werden. Soll ein anderes als das aktuelle Teil bearbeitet werden, muß dieses mit der Funktion „Editieren eines Teils" erst zum aktuellen Teil gemacht werden.

– Mit der Funktion **„Teileliste"** kann ein Verzeichnis aller in der Zeichnung enthaltenen Körper, Baugruppen und Instanzen auf dem Bildschirm angezeigt werden.

Betrachten Sie noch einmal nebenstehendes Beispiel: Eine Rollenführung, bestehend aus 4 gleichen Rollen und einem Gehäuse, soll gezeichnet werden (Bild 1).

Zuerst wird das Gehäuse und eine Rolle erzeugt (Bild 2). Danach werden die weiteren Rollen als **Instanzen** des Körpers „Rolle" erzeugt. Dazu wird eine Baugruppe mit dem Namen „Baugruppe 1" angelegt, in die drei Instanzen mit den Namen „Inst. Rolle 1", „Inst. Rolle 2" und „Inst. Rolle 3" eingefügt werden (Bild 3). Die dabei entstandene Modellstruktur ist in Bild 4 dargestellt, die Teileliste, wie sie am Bildschirm angezeigt wird, ist in Bild 5 zu sehen.

E

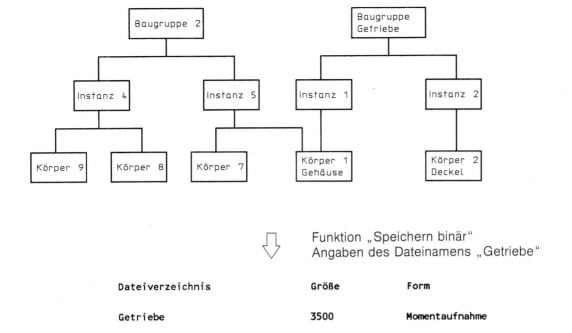

Funktion „Speichern binär"
Angaben des Dateinamens „Getriebe"

Dateiverzeichnis	Größe	Form
Getriebe	3500	Momentaufnahme

Bild 1: Angelegte Datei beim Speichern in Binärform

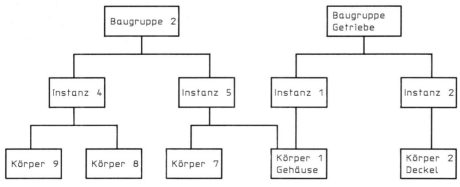

Funktion „Speichern ASCII"
(Namen der Einheiten werden übernommen)

Dateiverzeichnis	Größe	Form
Getriebe	100	Baugruppe
Gehäuse	1000	Körper
Deckel	1000	Körper
Baugruppe 2	50	Baugruppe
Körper 7	500	Körper
Körper 8	400	Körper
Körper 9	450	Körper

Bild 2: Angelegte Dateien beim Speichern in ASCII-Form

Zum Laden und Speichern eines 3D-Modells werden Dateien von peripheren Speichermedien gelesen bzw. dorthin geschrieben. Je nach Betriebssystem können diese Dateien in verschiedenen Dateiverzeichnissen oder Unterverzeichnissen stehen. Beim Laden und Speichern wird eine Datei durch Angabe ihres Dateinamens und des Verzeichnisses spezifiziert.

Ein dreidimensionales Modell kann aus einer Vielzahl von Baugruppen, Instanzen und Körpern bestehen. Will man ein solches Modell abspeichern und später wieder laden, gibt es zwei Möglichkeiten, wie die Modellstruktur auf dem Speichermedium abgebildet wird:

1. Speicherung in Binärform

Diese Speicherungsart ist die kürzeste, die zur Verfügung steht. Dabei wird ein Modell als eine einzige Datei abgespeichert. Die verschiedenen Baugruppen oder Körper, die in dem Modell enthalten sind, können aus dieser Datei nicht einzeln herausgelesen, sondern nur als ganzes Modell wieder geladen werden. Bild 1 zeigt ein hierarchisches Modell und einen Listenauszug der zu diesem Modell angelegten Datei.

Wenn es erforderlich ist, Modelldaten an andere Programme weiterzugeben (zum Beispiel bei einer Kopplung von CAD mit anderen Programmsystemen, wie PPS, Stücklistenverwaltung o. ä.), kann diese Speicherungsart nicht verwendet werden, da die binären Daten für andere Systeme nicht lesbar sind. In diesem Fall kann dann die folgende Speicherungsart gewählt werden:

2. Strukturierte Speicherung in ASCII-Form

Dieses Speicherverfahren benötigt mehr Zeit als die Speicherung in Binärform, hat dafür aber den Vorteil, daß Modelldaten an andere Programmsysteme weitergegeben werden können. Ein weiterer Vorteil ist, daß hier die Bestandteile eines Modells, also Baugruppen und Körper, als eigenständige Einheiten abgespeichert werden, so daß zum Beispiel ein einzelner Körper aus einem Modell in ein anderes Modell hineingeladen werden kann.

Die Speicherung in ASCII-Form kann auf verschiedene Arten durchgeführt werden:

– Speicherung der gesamten Modellstruktur:
Für jede Baugruppe und jeden Körper wird eine Datei angelegt. Bild 2 zeigt am gleichen Beispiel wie oben, welche Dateien dabei angelegt werden.

– Aktualisierung eines schon gespeicherten Modells:
Für alle Baugruppen oder alle Körper, die seit dem letzten Speichern verändert wurden, wird die vorhandene Datei mit den neuesten Daten überschrieben. Für nicht veränderte Einheiten bleibt die alte Datei gültig. Wurden am Modell seit dem letzten Speichern keine Änderungen durchgeführt, bleibt diese Funktion ohne Wirkung.

– Speicherung einzelner Einheiten:
Jeder Körper oder jede Baugruppe kann einzeln unter einem eigenen Namen abgespeichert werden.

Beim **Laden** eines Modells kann dieses nur in der Form geladen werden, in der es zuvor abgespeichert wurde. Das heißt, daß ein in Binärform abgespeichertes Modell nur in Binärform, und somit als ganzes Modell, wieder geladen werden kann. Wurde jedoch die gesamte Modellstruktur in ASCII-Form abgelegt, so kann entweder das gesamte Modell oder aber jeder beliebige Körper bzw. jede Baugruppe einzeln geladen werden.

E

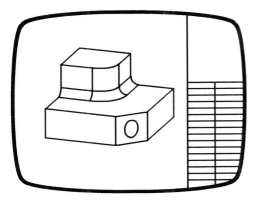

1. Modell erstellen

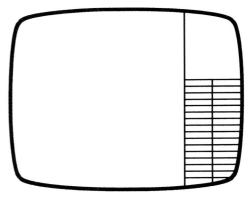

1. Modell soll geladen werden

2. Angabe der Merkmale zum Speichern (Datenbank)

2. Suchen des Modells über Fragmentsuche

3. Modell wird als Datei abgespeichert

   Datensatz in der Datenbank wird angelegt

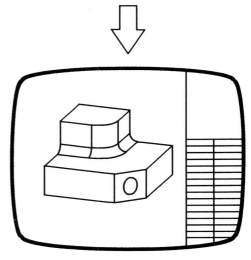

3. Laden des gesuchten Modells

Bild 1: Speichern eines Modells

Bild 2: Suchen und Laden eines Modells

Bei der Arbeit an CAD-Systemen kommt es häufig vor, daß man Modelle oder Körper, die schon vor längerer Zeit konstruiert wurden, wiederverwenden möchte. Wenn die Art der Abspeicherung und des Speichermediums in Vergessenheit geraten sind, ist eine zeitaufwendige Suche unvermeidlich.

Zwar erhält jedes Objekt beim Abspeichern einen Namen, doch ist es oft nicht möglich, eine eindeutige Beziehung zwischen einem abgespeicherten Körper und seinem Dateinamen herzustellen.

Ein weiteres Problem ergibt sich daraus, daß die Speicherung von volumenorientierten Modellen sehr speicherplatzintensiv, die Speicherkapazität von Festplatte und Rechner jedoch begrenzt ist. Da sich in der Regel in einer Konstruktionsabteilung Tausende von Dateien ansammeln, wird es oft notwendig, seltener benötigte Daten auf externe Speichermedien auszulagern.

Um trotzdem einen einfachen Zugriff auf bestimmte Modelle oder einzelne Körper ohne großen Zeitaufwand zu ermöglichen, bieten sich verschiedene Vorgehensweisen an:

1. Eine strenge betriebliche Vereinbarung für die Vergabe von Dateinamen, die auf betriebsspezifische Belange abgestimmt ist.

2. Die Verwaltung der Konstruktionsobjekte mit Hilfe einer Datenbank.

Im ersten Fall wird die Gefahr, daß ein Teil unter einem Namen abgespeichert wird, unter dem es später nicht mehr gefunden werden kann, weitgehend eingeschränkt. Der einzige Schlüssel zum Wiederauffinden eines Modells bleibt jedoch der Zeichnungsname, was die Suche nach Teilen, die nicht mehr auf der Festplatte des Rechners sind, erschwert.

Die Verwendung einer Datenbank bietet in Ergänzung dazu die wirksamste Methode zum Wiederauffinden von Modellen. Neben dem Sichern des Modells als Datei wird für jedes Modell beim Speichern ein **Datensatz** angelegt, in dem Angaben über den Ersteller, über Datum, Name oder Nummer des Modells, Projekt, Speichermedium und Klassifizierung gemacht werden können.

Beim Laden eines Modells kann in der Datenbank durch Eingabe von Suchbegriffen nach dem gewünschten Modell gesucht werden. Dabei müssen der Zeichnungsname oder andere Merkmale nicht vollständig bekannt sein, sondern das System sucht auch nach Eingabe von unvollständigen Begriffen die Modelle, auf die die Angabe zutrifft (Fragmentsuche). Gibt es mehrere Datensätze mit den angegebenen Begriffen, so werden alle aufgelistet und der Bediener kann den gewünschten auswählen. Das zugehörige Modell wird dann geladen und am Bildschirm angezeigt. Befindet sich das Modell nicht auf der Festplatte des Rechners, so wird vom System der Name des Speichermediums angezeigt, auf welchem die Modelldatei abgespeichert ist; damit entfällt ein langes Absuchen verschiedener Bänder oder Disketten.

Bild 1 zeigt den grundsätzlichen Ablauf beim Speichern eines Modells, Bild 2 stellt das Suchen und Laden einer Zeichnung dar, wobei das gewünschte Modell mittels Fragmentsuche über das Schlüsselmerkmal „Benennung" gesucht wird.

E

E 1.8   Aufgaben zum Baustein „Modellverwaltung"

1) Was versteht man unter einer Instanz?

_____

2) Worin liegen   a) die Vorteile   einer Instanz?
                  b) die Nachteile

a) _____

b) _____

3) Wie kann man den Nachteil aus 2b umgehen?

_____

4) Was ist eine Baugruppe?

_____

5) Was bewirkt die Funktion „Teileliste"?

_____

_____

6) Worin liegen   a) die Vorteile   der Speicherung in Binärdaten?
                  b) die Nachteile

a) _____

b) _____

7) Wie kann man die Nachteile aus 6b umgehen?

_____

8) Folgender Körper wurde in Binärform gespeichert:

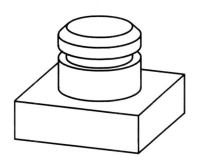

Wie sieht der Körper aus, nachdem er in ASCII-Daten wieder geladen wurde?

9) Welche Vorteile besitzt die Verwendung einer Datenbank im Zusammenhang mit der Zeichnungsverwaltung?

_____

_____

_____

_____

_____

E

Baustein 2: Transformationen

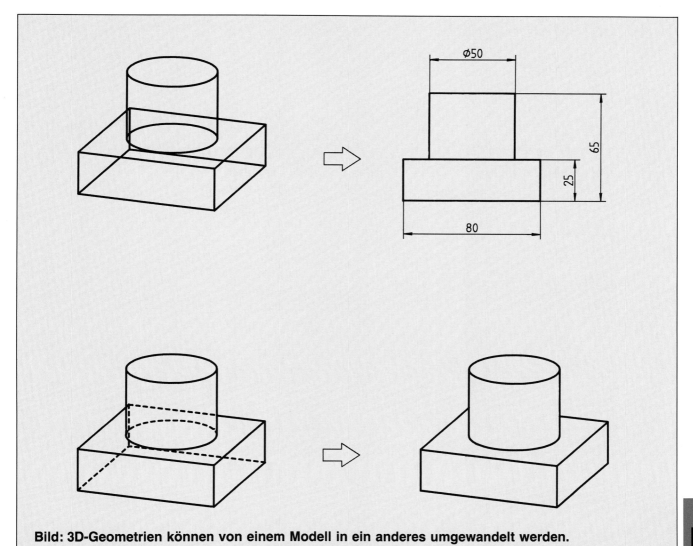

Bild: 3D-Geometrien können von einem Modell in ein anderes umgewandelt werden.

3D-CAD-Systeme dienen zum räumlichen Modellieren von Konstruktionsobjekten. Je nach Komplexität der Aufgabenstellung und je nach geometrischer Gestalt wird mit unterschiedlichen Modellarten (Kanten-, Flächen-, Volumenmodell) gearbeitet.

In besonderen Fällen kann es dabei erforderlich sein, **Modelldaten von einem Modell in ein anderes zu übertragen**, beispielsweise vom Kantenmodell ins Volumenmodell, um schattierte Darstellungen zu erzeugen.

Häufiger aber kommt es vor, daß Daten zwischen 2D- und 3D-Systemen ausgetauscht werden sollen. Das ist zum Beispiel der Fall, wenn aus einem 3D-Modell **bemaßte** Zeichnungen erstellt werden sollen oder, in umgekehrter Richtung, wenn aus einer ursprünglich zweidimensionalen Zeichnung ein dreidimensionales Modell aufgebaut werden soll. In diesem Baustein lernen Sie, in welcher Form solche Modellübertragungen möglich sind und wie man dabei vorgeht.

E

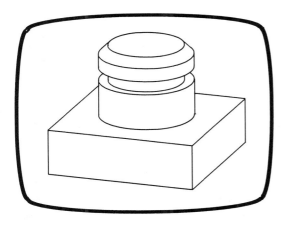

Bild 1: Modell eines 3D-Körpers

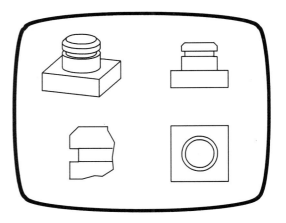

Bild 2: Festlegen der gewünschten Ansichten

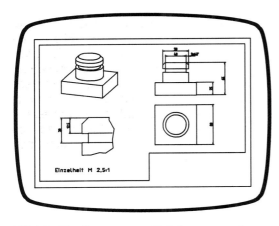

Bild 3: Ergänzen von Zeichnungsrahmen Bemaßung

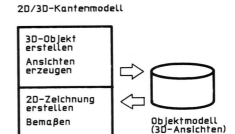

Bild 4: Vom 3D-Kantenmodell zur Zeichnung

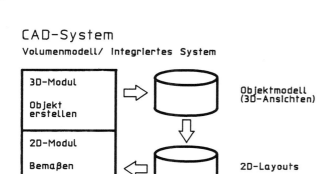

Bild 5: Vom 3D-Volumenmodell zur Zeichnung (integriertes System)

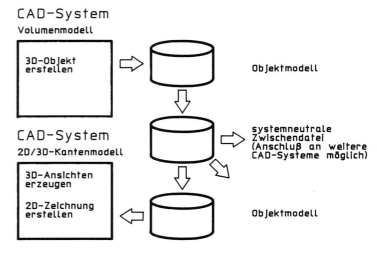

Bild 6: Vom 3D-Volumenmodell zur Zeichnung (Dateitransfer)

Es gibt keine einheitliche Vorgehensweise, wie man vom dreidimensionalen Modell eines Objektes zu einer zweidimensionalen Konstruktionszeichnung mit Bemaßung und Zeichnungsrahmen kommt. Auf dieser Seite werden verschiedene Wege vorgestellt, die in gleicher oder ähnlicher Funktionsweise bei gängigen CAD-Systemen zu finden sind.

3D-Kantenmodell – 2D-Zeichung

Die grundsätzlich übereinstimmende Geometriebeschreibung beim 3D-Kantenmodell und beim 2D-Modell erlaubt eine leichte Erstellung von Konstruktionszeichnungen. Nachdem ein Modell des Konstruktionsobjektes erstellt wurde (Bild 1), kann man verschiedene Ansichten des Modells erzeugen und in beliebiger Größe und Lage auf dem Bildschirm darstellen.

Nachdem die gewünschten Ansichten zusammengestellt wurden (Bild 2), kann ein Zeichnungsrahmen um diese herum plaziert werden (Bild 3). Nun kann das Modell in jeder der gewählten Ansichten mit den zweidimensionalen Bemaßungsfunktionen bemaßt werden. Sind noch isometrische Ansichten in der Darstellung enthalten, so können in diesen auch räumliche Bemaßungen vorgenommen werden. Wichtig bei dieser Vorgehensweise ist, daß die Bemaßungsfunktionen immer nur in der zweidimensionalen Arbeitsebene ausgeführt werden. Das heißt, daß bei einer Bemaßung in verschiedenen Ansichten jeweils die entsprechende Ansicht zur aktuellen Arbeitsansicht gemacht werden muß. Bild 4 zeigt die Vorgehensweise noch einmal schematisch.

3D-Volumenmodell – 2D-Zeichung

Handelt es sich beim 3D-Modell eines Körpers um ein Volumenmodell, dann gibt es in der Praxis zwei Konzepte zur Übertragung der Modelldaten in den zweidimensionalen Bereich.

Im ersten Fall ist ein Modul zur zweidimensionalen Bearbeitung im CAD-System vorhanden (Bild 5). Eine beliebige Ansicht des Modells kann über eine Layout-Funktion mit einem einzigen Kommando in eine zweidimensionale Darstellung umgewandelt werden; das heißt, die Informationen über die Tiefe gehen verloren (die Bildschirm-z-Koordinaten werden gleich Null). Mehrere solcher zweidimensionalen Ansichten können zu einer Zeichnung zusammengestellt werden. Mit dem 2D-Modul lassen sich zweidimensionale Operationen darauf ausführen, z.B. Bemaßung, Schraffur, Vergrößerung von Einzelheiten, etc.

Im zweiten Fall erfolgt die Übertragung über eine **Austausch-Datei** in mehreren Schritten (Bild 6). Im 3D-Volumenmodell wird durch Aufruf eines Übertragungsprogramms (Prozessor) eine systemneutrale Zwischendatei erstellt, in die alle Modelldaten in standardisierter Form im IGES-Format eingetragen werden. Diese Datei wird dann anschließend von einem 3D-Kantenmodell oder 2D-Modell durch Aufruf eines Übertragungsprogramms eingelesen und kann nun weiterbearbeitet werden.

E

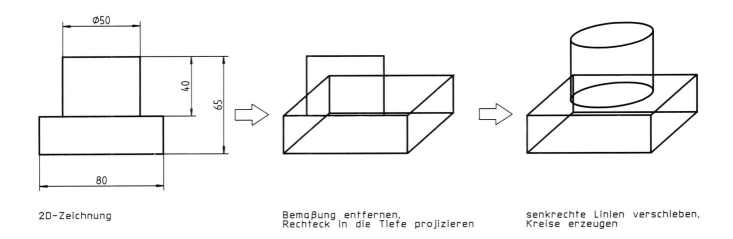

2D-Zeichnung

Bemaßung entfernen,
Rechteck in die Tiefe projizieren

senkrechte Linien verschieben,
Kreise erzeugen

Bild 1: Von der 2D-Zeichnung zum 3D-Kantenmodell

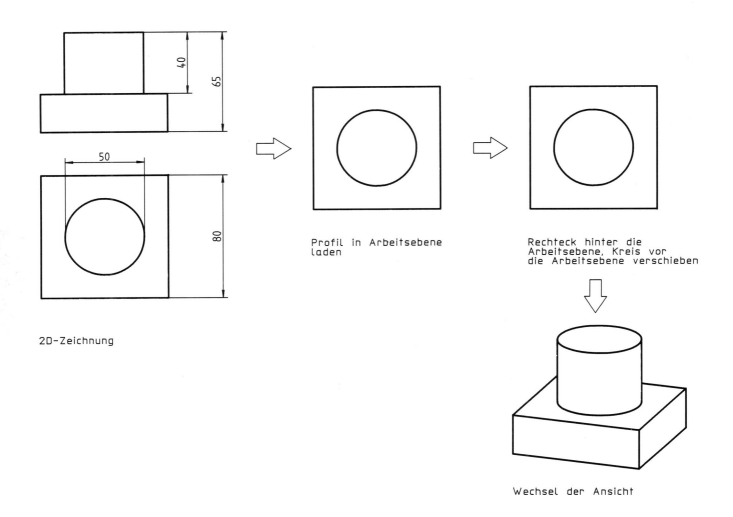

2D-Zeichnung

Profil in Arbeitsebene
laden

Rechteck hinter die
Arbeitsebene, Kreis vor
die Arbeitsebene verschieben

Wechsel der Ansicht

Bild 2: Von der 2D-Zeichnung zum 3D-Volumenmodell

Oft wird der Einstieg in die CAD-Technik mit **zweidimensionalen** Systemen im Bereich der Zeichnungserstellung vollzogen. Zu einem späteren Zeitpunkt kommen dann auch Systeme für die **dreidimensionale** Konstruktion dazu. Dabei stellt sich das Problem: Können die zweidimensional entworfenen Konstruktionen in das 3D-System übernommen werden und in welcher Form ist das möglich? Diese Frage kann nicht generell beantwortet werden. Die Antwort ist stark abhängig davon, welche CAD-Systeme verwendet werden. Bei einigen Systemen ist keine Übernahme von 2D-Geometrien in ein 3D-Modell möglich, andere 2D-Systeme lassen sich mit 3D-Systemen koppeln. Solche Kopplungen lernen Sie hier kennen.

2D-Zeichnung – 3D-Kantenmodell

Da eine 2D-Zeichnung aus den gleichen Geometrieelementen besteht wie sie im 3D-Kantenmodell vorkommen, läßt sie sich leicht in ein Kantenmodell übernehmen. Die 2D-Zeichnung liegt dann im 3D-System als Geometrie vor, deren z-Koordinate gleich Null ist. Durch Anwendung von Elementänderungsfunktionen können die Elemente dann im Raum so angeordnet und ergänzt werden, daß ein räumliches Modell entsteht (Bild 1).

2D-Zeichnung – 3D-Volumenmodell (integriertes System)

Es gibt 3D-Volumensysteme, die ein Modul zur zweidimensionalen Zeichnungserstellung enthalten, das auch selbständig als 2D-CAD-System benutzt werden kann. In diesem Fall können Zeichnungen, die mit dem 2D-System erzeugt wurden, geladen und in der aktuellen **Arbeitsebene** einer 3D-Ansicht dargestellt werden. Dort können dann **Modellierungsfunktionen** zur Erzeugung oder Änderung von Körpern auf die 2D-Geometrie angewandt werden. Dabei können nur solche Elemente verwendet werden, die eine geschlossene Kontur bilden, die also ein Profil darstellen, das im Raum bewegt werden kann. Bei diesem Verfahren ist es daher sinnvoll, die 2D-Zeichnung schon so vorzubereiten, daß einzelne Profile getrennt ins 3D-System geladen werden können. Nichtgeometrische Elemente, wie Text oder Bemaßung, können nicht übernommen werden.

2D-Zeichnung – 3D-Volumenmodell (Dateitransfer)

Einige 3D-Volumensysteme können mit Hilfe eines Übertragungsprogramms Dateien eines Kantenmodell-Systems einlesen und die Geometrie in Volumenelemente umwandeln. Dies ist in gleicher Weise für 2D-Zeichnungen und 3D-Kantendarstellungen möglich und wird detailliert auf der folgenden Seite beschrieben.

E

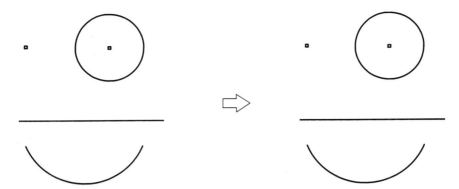

Bild 1: Übertragen von Punkten und Kurvenelementen

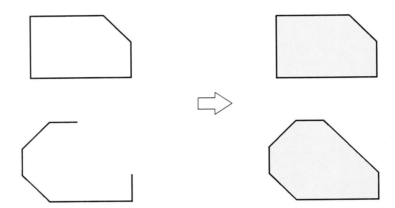

Bild 2: Übertragen von Kurvenzügen

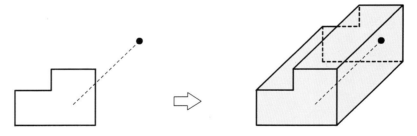

Bild 3: Übertragen von Gruppen aus Kurvenzug und Punkt

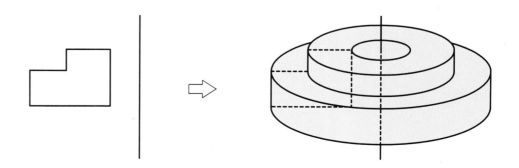

Bild 4: Übertragen von Gruppen aus Kurvenzug und Linie

Ein spezielles Übertragungsprogramm kann Dateien, die mit einem **Kantenmodell**-CAD-System erstellt wurden, in dreidimensionale Volumenelemente umwandeln, die dann im **Volumenmodell**-CAD-System weiterbearbeitet werden können. Es werden Punkte, Linien, Kreise, Elementketten und Gruppen aus der Kantendarstellung in den Arbeitsraum des Volumenmodells übertragen. Sie werden dabei in Punkte, Kurven, Flächen oder Körper umgewandelt, mit denen dann ein weiteres Modellieren möglich ist. Die Umwandlung erfolgt nach folgenden Regeln:

– Punkte, Linien, Kreise, Freihandkurven
  werden in Elemente des gleichen Typs überführt, bleiben also praktisch unverändert (Bild 1).

– Zusammenhängende, ebene Konturen, die aus einer Folge von Linien oder Kreisbögen bestehen, werden in Flächen umgewandelt. Wenn ein Kurvenzug nicht geschlossen ist, wird vom System die Verbindung seines Anfangs- und Endpunktes ermittelt und er wird wie ein geschlossener Kurvenzug behandelt (Bild 2).

– Gruppen, die aus einem ebenen Kurvenzug und einem Punkt bestehen, werden in einen Körper überführt, der als Translationskörper erzeugt wird, indem die vom Kurvenzug eingeschlossene Fläche entlang ihrer Normalenrichtung bis zum dazugehörigen Punkt verschoben wird (Bild 3).

– Gruppen, die aus einem Kurvenzug und einer Linie bestehen, werden in einen Körper überführt, der als Rotationskörper erzeugt wird, indem die vom Kurvenzug eingeschlossene Fläche um die dazugehörige Linie um 360° gedreht wird (Bild 4).

– Alle zu übertragenden Kurvenzüge oder Gruppen müssen im Drahtmodell mit einem Namen versehen sein, der dann im Volumenmodell als Name für die entstehenden Flächen oder Körper verwendet wird.

Aus diesen Anforderungen sieht man, daß im **Kantenmodell** vor der Übertragung der Geometrie einige **Vorbereitungen** notwendig sind. Dies geschieht in folgenden Schritten:

– Benennen aller Punkte, Linien und Kreise, die übertragen werden sollen.

– Sollen Elemente als Fläche übertragen werden, sind folgende Schritte durchzuführen:
  – Die gewünschte Kontur muß als Kurvenzug (string) definiert werden.
  – Der Kurvenzug muß einen Namen erhalten.

– Sollen Elemente als Körper übertragen werden, gilt folgendes:
  – die gewünschte Kontur muß als Kurvenzug (string) definiert werden.
  – Der Kurvenzug und entweder ein Punkt oder eine Linie müssen zu einer Gruppe zusammengefaßt werden.
  – Die Gruppe muß einen Namen erhalten.

– Das so aufbereitete Kantenmodell muß als Datei abgespeichert werden.

Nach Abschluß der Arbeiten im Kantenmodell-CAD-System kann man nun das Volumenmodell-CAD-System starten und mit diesem die zuvor gespeicherte Datei als Volumenmodell-Datei einlesen.

E

E 2.8 Aufgaben zum Baustein „Transformationen"

1) Wozu dient die Layout-Funktion beim Übergang 3D-Volumenmodell zu 2D-Zeichnung?

_____

_____

2) Was ist bei der Bemaßung verschiedener Ansichten zu beachten?

_____

3) Wie kann ein 3D-Volumenmodell in eine 2D-Zeichnung transformiert werden?

a) _____

b) _____

4) Warum läßt sich der Übergang zwischen 2D-Zeichnung und 3D-Kantenmodell in beiden Richtungen relativ leicht realisieren?

_____

5) Bei einem integrierten System wurde eine 2D-Zeichnung erstellt. Sie soll in ein 3D-Volumensystem geladen und mit Modellierungsfunktionen verändert werden. Welche Bedingung ist an die 2D-Elemente gestellt?

_____

6) Welche Vorbereitungen sind notwendig, damit ein Übergang von einem 3D-Kantenmodell zu einem 3D-Volumenmodell möglich ist?

a) _____

b) _____

c) _____

d) _____

7) Die Kontur einer Fläche ist auch beim 3D-Kantenmodell immer eine geschlossene Kurve.
Wieso ist es dennoch sinnvoll, beim Übergang vom Kanten- zum Volumenmodell festzulegen, daß
bei einem nicht geschlossenen Kurvenzug Anfangs- und Endpunkt ermittelt und die
Verbindungslinie vom System ergänzt wird?

_____

_____

_____

E

Baustein 1: Systembeispiele

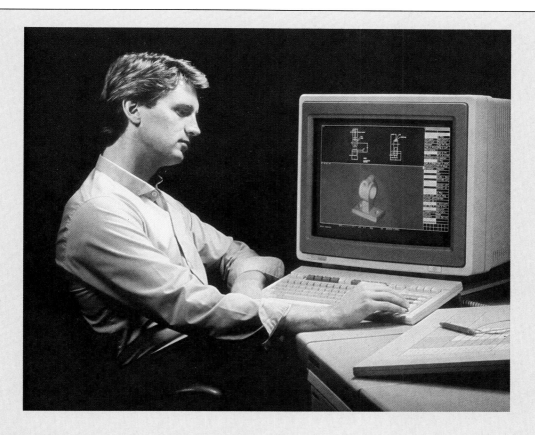

Bild: Arbeitsplatz an einem 3D-CAD-System

3D-CAD-Systeme unterscheiden sich in ihrem Aussehen und in der verwendeten Hardware nur unwesentlich von 2D-CAD-Systemen. Aufgrund der größeren Datenmengen bei der Verarbeitung dreidimensionaler Geometrie sind jedoch die Anforderungen an die Leistungsfähigkeit des Rechners und des Massenspeichers höher. Daher gibt es nur wenige 3D-Systeme, die auf Personalcomputern laufen, während sehr viele auf Workstation- oder Großrechnerarbeitsplätzen betrieben werden können. In diesem Baustein werden Ihnen zwei für den 3D-Bereich typische und am Markt eingeführte Systeme vorgestellt. Dabei handelt es sich um die Systeme:

Hewlett-Packard, ME Serie 30
Ein CAD-System, das auf einer Technical Workstation läuft und dreidimensionale Volumenmodellierung ermöglicht.

CONTROL DATA, ICEM-System:

ICEM DDN
ICEM Solid Modeler
ICEM DUCT
ICEM VWSURF

Diese vier Module von CONTROL DATA's ICEM-System decken den gesamten Bereich der 3D-CAD-Anwendungen ab, d. h. sie bearbeiten Kanten-, Flächen- und Volumenmodelle. Außerdem gibt es eine Reihe von Zusatzprogrammen für spezielle 3D-Anwendungsfälle, wie Blechbearbeitung, Kunststoffbearbeitung, Stahlbau, Anlagenbau, etc.

F

Der Farbbildschirm ermöglicht die
Darstellung der Zeichnungen

Tablett und Stift dienen der Steuerung
des Cursors und zum Antippen der Befehle

Der Drucker (wahlweise vorhanden)
dient zur Erstellung von Ausdrucken

Die Magnetplatte speichert
das ME30-Programm und
das HP-UX-Betriebssystem

Der Rechner enthält die
Zentraleinheit, in der
alle Verarbeitungsprozesse
ablaufen

Die Tastatur dient der
Text-, Zahl- und Befehlseingabe

Bild: Der Arbeitsplatz am ME Serie 30-System

Hardware

Das CAD-System ME Serie 30 ist lauffähig auf den technischen Arbeitsplatzcomputern HP 9000 Serie 300, die in verschiedenen Ausbaustufen und mit einer breiten Palette von Peripheriegeräten betrieben werden können. Die Rechner arbeiten alle unter dem Betriebssystem HP-UX, das auf dem Industriestandard UNIX basiert. Dadurch ist neben ME Serie 30 ein breites Angebot an Software für andere technische und nichttechnische Anwendungen vorhanden, beispielsweise die 2D-CAD-Systeme ME Serie 5 und ME Serie 10 oder ein relationales Datenbanksystem, das die Konstruktions- und Zeichnungsdaten verwaltet.

Aufgrund der Netzwerkfähigkeit der technischen Arbeitsplatzcomputer HP 9000 Serie 300 kann über das lokale Netzwerk von Hewlett-Packard von mehreren Arbeitsplatzcomputern auf alle Daten gemeinsam zugegriffen werden. Ein noch weiter gehendes Netzwerk ermöglicht die Kommunikation mit HP-Computern anderer Baureihen sowie mit Großrechnersystemen anderer Hersteller.

Speziell für die schnelle Darstellung und Modifikation von farbig schattierten 3D-Modellbildern im Benutzerdialog während der Modellgenerierung stehen die Grafik-Workstations HP 9000 320 SRX und HP 9000 350 SRX zur Verfügung, deren 19-Zoll-Bildschirme eine Auflösung von 1 280 x 1 024 Bildschirmpunkten besitzt und die mit zusätzlichen Mikroprozessoren ausgestattet sind, die ausschließlich der beschleunigten Verarbeitung von grafischen Daten dienen.

HEWLETT PACKARD — **Mechanical Engineering** Series 30

LINETYPE | COLOR | CATCH | MEASURE | RULER/GRID | CONSTRUCT | PARTS | DATA EXCHANGE

COLOR: BLACK, WHITE, RED, YELLOW, GREEN, CYAN, MAGENTA, BLUE, COLOR MENU, CHANGE COLOR

CATCH: ALL 2D ITEMS, RULER/GRID, INTERS, VERTEX, VERTEX 3D, ELEMENT, CENTER, OFF, RANGE, OUTPUT 2D, OUTPUT 3D MODEL, OUTPUT 3D WP

MEASURE: DIST, LENGTH, DIST HORIZ, DIST VERT, POINT, ANGLE, RADIUS, DIRECTION 3D, AREA PROP, VOLUME PROP, WORK-PLANE

RULER/GRID: RULER, DOT GRID, FOLLOW, LINE GRID, MOVE, ORIGIN, TURN ABS, TURN REL, SPACING, CURSOR LG/SMALL, RESET, PLACE

PARTS: NC, FE, INIT, END, EDIT, SMASH, GATHER, RENAME

CHANGE LINETYPE

CREATE | MODIFY | MACHINING | HELP
DIMENSION | 2D PARTS 3D | WORKPLANE | CANCEL
HATCH | SET UP | VIEW | END
TEXT | SYMBOLS | PROPERTY | UNDO
FILE | INFO | 3D ELEMS | CONFIRM
PLOT | 3D CONSTR | DELETE 2D
DELETE 3D

MACROS: 1–51

SHOW (ON/OFF): ALL, LAYER, INFO, LAYER COLOR, INFO COLOR, HILITE CURR BOD, ALL 3D, LINE GROUP

WINDOW: REDRAW, FIT, NEW, LAST, PAN, ZOOM, CENTER, LARGE/SMALL, STORE, RECALL, CHANGE SIZE, REDRAW ALL

PORT: CURRENT, CREATE, DELETE, ACTIVE, REPORT

3D PORT: REFRESH, SWITCH 2D/3D, DRAW ITEM, CREATE, CLEAR, DELETE, INACTIVE

WP: CURRENT, ORIGIN, OFFSET, ROTATE, BY PNT & DIR, BY EDGES, BY FACE

SELECTION: SELECT 2D LIST, GEO, PART, ADD, GLOBAL, CONSTR, INFO, SUBTR, ALL, TEXT, VERTEX, AND, BOX, LAYER, NOT, SELECT 3D LIST, ASSEMBLY, FACE, ADD, ALL, INSTANCE, EDGE, LAST CREATION, CONSTR, BODY, POINT, CURRENT BODY

ENTER: 7 8 9 / 4 5 6 / 1 2 3 / . 0 / —

LAYER: CURRENT, ADD, CHANGE
PROP: PUT, GFT

© Copyright 1986, Hewlett-Packard GmbH   PART NO. 74836-10702 REV. A

Bild 1: Alle Software-Funktionen sind per Tablett abrufbar.

Software

Bei ME Serie 30 handelt es sich um ein System, in dem die zweidimensionale Zeichnungserstellung mit dem dreidimensionalen, volumenorientierten Modellieren vereinigt ist. Das heißt, neben Funktionen zum Erzeugen und Verändern von Volumenelementen steht der volle Funktionsumfang des 2D-Systems ME Serie 10 zur Verfügung.

Das Zeichnen und Modellieren wird durch eine Vielzahl leicht erlernbarer Funktionen unterstützt. Eine Geometrie, die als 2D-Zeichnung erstellt wurde, kann direkt dazu verwendet werden, ein 3D-Modell zu erzeugen. Das geschieht, indem man die 2D-Geometrie auf die 3D-Arbeitsebene bringt und danach verschiedene 3D-Bearbeitungsfunktionen anwendet. Die Bearbeitungsfunktionen sind so benannt, daß sie realen Fertigungsverfahren entsprechen, z.B. Drehen, Fräsen, Extrudieren, Anfasen.

Die prinzipielle Vorgehensweise bei diesem System beginnt mit der Konstruktion eines 2D-Profils, das einem Schnitt (oder Teilschnitt) durch den späteren Körper entspricht. Mit diesem Profil wird dann der Körper erzeugt oder verändert. Mit dieser Vorgehensweise können komplizierte 3D-Konstruktionen immer ausgehend von einfacher vorstellbaren 2D-Geometrien erstellt werden.

Darüber hinaus können auch Primitivkörper, wie Würfel, Zylinder, Torus, Kugel etc., direkt erzeugt werden.

Zur Ermittlung komplexer räumlicher Geometrien oder Anordnungen von Elementen kann die 3D-Hilfsgeometrie benutzt werden, das heißt, man konstruiert zuerst Hilfspunkte, -linien, -kreise und -flächen und orientiert sich bei der eigentlichen Geometrieerstellung an diesen.

Es lassen sich beliebig viele Bildschirm-Fenster definieren. Jedes Fenster kann eine andere Ansicht des Modells enthalten, in der über Darstellungsparameter verdeckte Kanten sichtbar oder nicht sichtbar gemacht werden können.

F

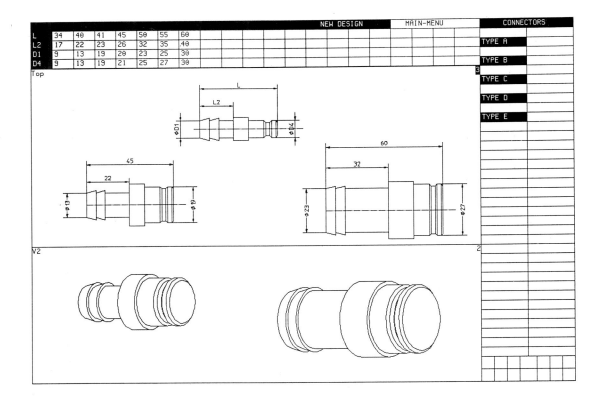

							NEW DESIGN	MAIN-MENU	CONNECTORS
L	34	40	41	45	50	55	60		TYPE A
L2	17	22	23	26	32	35	40		
D1	9	13	19	20	23	25	30		TYPE B
D4	9	13	19	21	25	27	30		

Bild 2: Teilefamilien lassen sich über Makroprogramme als 3D-Modell und als 2D-Zeichnung erstellen.

Für die Varianten- und Anpassungskonstruktion stehen leicht anwendbare Elementänderungsfunktionen wie Dehnen, Verschieben, Spiegeln, Rotieren usw. zur Verfügung. Zusätzlich können in einer Makrosprache Programme zur Erzeugung von Teilefamilien mit veränderlichen Abmessungen geschrieben werden (siehe Bild).

ME Serie 30 bietet die Möglichkeit zum Austausch zwei- und dreidimensionaler Daten über verschiedene Schnittstellen an. Damit ist die Einbindung des Systems in ein vernetztes Datenverarbeitungskonzept unter dem Gesichtspunkt des CIM (Computer Integrated Manufacturing) möglich.
So werden z.B. folgende formatierte Schnittstellen unterstützt:

3D: — für die NC-Programmierung
APT-Ausgang
COMPACT II-Ausgang
GNC-Ausgang
— für die Finite-Elemente-Analyse
PATRAN
FEMGEN
ANSYS

2D: MI-Format für Zugriff auf Zeichnungsdaten durch andere Programme
— für die NC-Programmierung
APT-Ausgang
COMPACT II-Ausgang
— IGES-Schnittstelle für Datenaustausch mit anderen CAD-Systemen

Bild: Menüaufruf und Bildschirmfenster

Bedienoberfläche

Die Bedienung des ME Serie 30-Systems erfolgt über Tablett- und Bildschirmmenüs. Wahlweise können Funktionen auch durch Eingabe in einer Kommandosprache auf der Tastatur eingegeben werden.

Das Tablettmenü ist in verschiedene Funktionsbereiche unterteilt. Durch Auswahl eines Feldes aus dem Funktionsbereich zur Elementerzeugung und -änderung wird ein Untermenü aufgerufen, das am Bildschirm dargestellt wird (Bild). Aus diesem Bildschirmmenü kann dann eine Bearbeitungsfunktion ausgewählt werden.

Andere Tablettbereiche enthalten sogenannte Darstellungs-Funktionen, die während der Ausführung einer anderen Funktion aufgerufen werden können, ohne diese abzubrechen. Darstellungs-Funktionen sind zum Beispiel Ein- und Ausblenden von Elementen, Zoom-Funktionen, etc.

Zur Darstellung verschiedener Ansichten können beliebig viele Fenster definiert werden. Man unterscheidet
– Fenster, die eine Arbeitsebene enthalten,
– Fenster, die eine 3D-Ansicht enthalten und
– Fenster, die eine 2D-Ansicht enthalten (Bild).

F

**Bild 1: Der grafische Arbeitsplatz
CYBER 910**

**Bild 2: Der 64 Bit-Abteilungsrechner
CYBER 930**

Hardware

Die Basis der CONTROL DATA-CAD-Systeme bilden die 64-Bit-Rechner der Serie CYBER 180 mit einem Modellspektrum vom Supermini-Rechner CYBER 180-930 bis zum Hochleistungs-Doppelprozessor-System 180-990 D. Die große Wortlänge von 64 bit bietet eine hohe Rechengenauigkeit. Der Hauptspeicher kann bei diesen Rechnern bis auf 128 MByte aufgerüstet werden.

Betriebssystem ist die CONTROL DATA-Entwicklung NOS/VE. Außerdem steht mit VX/VE eine Anpassung des verbreiteten UNIX-Betriebssystems an die CYBER-180-Familie zur Verfügung.

Rechnernetze lassen sich über CDCNET (Control Data Distributed Communication Network) und LCN (Loosely Coupled Network) aufbauen.

CDCNET ist ein Netzwerkkonzept, das auf dem OSI-Standard (Open System Interconnection) basiert. Es ermöglicht den Zugang zu öffentlichen Datennetzen und zu offenen Netzwerken anderer Hersteller.

LCN ist ein lokales Hochgeschwindigkeitsnetz mit einer Übertragungsrate von 50 MBit/sec.

Für anspruchsvolle Analyse- und Simulationsaufgaben stehen die Supercomputer der ETA-Serie zur Verfügung.

Für den Einsatz am Arbeitsplatz ist die Grafikworkstation CYBER 910 vorgesehen.

Dieses Grafiksystem wurde speziell für Anwendungen entwickelt, bei denen farbige dreidimenisonale Objekte auf dem Bildschirm erzeugt, dargestellt und bewegt werden sollen. Zu diesem Zweck besitzt es neben dem 32-Bit-Zentralprozessor einen zusätzlichen Grafikprozessor.
Die Workstation kann sowohl als selbständiges Einplatz-System als auch im Netzwerkbetrieb mit anderen CYBER-Systemen genutzt werden.

Software

Für die CYBER-Rechner steht eine Vielzahl von Software-Modulen zur Verfügung, die den Werdegang eines Produktes von der Idee bis zum fertigen Werkstück unterstützen. Ein komplettes Programmsystem mit Konstruktions-, Berechnungs- und Datenverwaltungsprogrammen ermöglicht die Realisierung von CIM-Bausteinen (CIM = Computer Integrated Manufacturing).

In diesem Programmsystem sind vier CAD-Systeme enthalten, die für unterschiedliche Anwendungen zur Verfügung stehen. Es handelt sich um die Systeme ICEM DDN, ICEM Solid Modeler, ICEM DUCT und ICEM VWSURF.

Auf den folgenden Seiten werden diese vier Systeme beschrieben.

3-D Curves							Modals	Surface Development			
Composite Curve	Cross Section Slice	Draft Curve	Surface Intersection	Surface Edge Curve			Created Curve Type / Same Point Tolerance	Developable Surface Layout	Developable Feature Layout	Projected Entity	
Vector						**Spline**	**Bezier Curve**	**Solids**			
Screen Position / Enter	Two Planes / Sum Diff	Scalar Product / Cross Product	Display Surf N / Reverse Surf N	3-D			Create / Surface Paths	Hexahedron	Toroid	Spheroid	
Two Points / Surface Normal	Length Angle / Modify Replace	Normalize	Point Angle Line/Vector	2-D			Modify				
Surfaces							Facetting				
Revolution	Tabulated Cylinder	Ruled	Developable	Curve Mesh	Fillet		Modify Surface Paths	Ellipsoid	Circular Rod		
Offset	Sphere	Cylinder	Torus	Cone	Composite	Segment					
Plane											
Coefficients	3 Noncolinear Points	Thru Point and Perpto Vector	Thru 2 Points Perpto Plane								
Thru Point Parallel to Plane	Parallel to Plane at a Distance	Thru Point Perpto 2 Planes	Two Lines	Projected	Curve-Driven						

Bild: Tablettmenü zum Modul „Erweiterte Geometrie"

ICEM DDN

Bei ICEM DDN handelt es sich um ein System, das nach dem Prinzip des **Kantenmodells** arbeitet, das jedoch auch verschiedene Arten der **Flächendarstellung** anbietet. ICEM DDN ist ein System für die 2D-Zeichnungserstellung und die vollständige dreidimensionale Darstellung (siehe Bild). Die zweidimensionalen Elemente Linie, Kreis, Bogen, Ellipse und Spline können beliebig im Raum angeordnet werden. Zusätzlich gibt es spezielle 3D-Elemente:
– 3D-Splines,
– Schnittkurven von Flächen,
– Projektionen von Kurven auf Flächen,
– aus verschiedenen Kurvenstücken zusammengesetzte Kurven.

Folgende Flächenarten gibt es in ICEM DDN:
– Rotationsflächen,
– Regelflächen,
– abwickelbare Flächen,
– Netzflächen,
– zusammengesetzte Flächen,
– Freiformflächen.

Über ein integriertes NC-Modul können sogenannte CL-Files (**C**utter **L**ocation = Werkzeugposition) für NC-Werkzeugmaschinen erstellt werden. Dabei kann innerhalb der Werkstückzeichnung der Werkzeugweg grafisch dargestellt werden. Die so erstellten CL-Files können durch entsprechende Postprozessoren zu NC-Programmen weiterverarbeitet werden.

Für eine Vielzahl von weiteren Anwendungsbereichen sind weitere Module in ICEM DDN integriert, zum Beispiel:
– ICEM STEEL für Stahlbau,
– ICEM NORM für Normteildokumentationen,
– ICEM TURN für Drehteile,
– ICEM BEND für Blechabwicklung,
– ICEM LIST für Stücklisten.

F

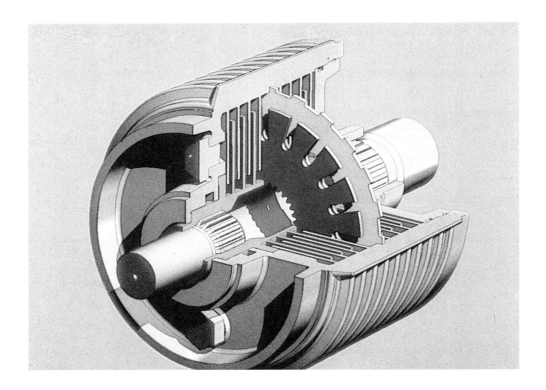

**Bild: Darstellung eines schattierten 3D-Modells mit ICEM
Solid Modeler (Werkbild: Volkswagen)**

ICEM Solid Modeler

ICEM Solid Modeler ist ein interaktives dreidimensionales Volumenmodell-System, das die Konstruktion von komplexen Werkstücken als Körper ermöglicht. Es benutzt die Festkörpermethode (CSG), bei dem Objekte durch mengentheoretische Verknüpfungen von Grundkörpern erzeugt werden.

Dem Benutzer steht folgender Vorrat an Grundkörpern zur Verfügung:
– Kugel,
– Zylinder,
– Kegel,
– Elliptischer Kegel,
– Quader,
– Keil,
– Torus,
– Torusscheibe,
– Profilkörper,
– Rotationskörper,
– Rotationsellipsoid,
– Unregelmäßiger Vielflächner,
– Landschaftsmodell,
– Allgemeiner Körper.

Mit dem ICEM Solid Modeler kann man aus diesen Grundelementen Gegenstände mit praktisch unbegrenzter Komplexität aufbauen. Die Anschaulichkeit der Objekte wird erhöht, weil das Programm farbig schattierte, hoch aufgelöste Bilder in beliebigen Ansichten am Bildschirm darstellen kann (Bild).

Außer solchen Darstellungen erzeugt das Programm Kantendarstellungen sowie beliebige Schnitte und Explosionszeichnungen eines Modells. Die Darstellung mehrerer Ansichten ist durch ein einziges Kommando möglich, wobei das Modell im Raum beliebig positioniert werden kann.

Weiterhin können aus den geometrischen Daten eines Modells weitere Berechnungen abgeleitet werden, beispielsweise Volumen- und Massenberechnungen oder Kollisionsbetrachtungen zwischen einzelnen Körpern.

ICEM Solid Modeler kann Daten zur Weiterbearbeitung an ICEM DDN übergeben und umgekehrt aus ICEM DDN-Zeichnungen ein volumenorientiertes Körpermodell aufbauen.

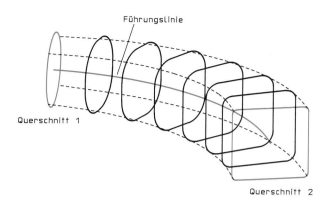

**Bild 1: Beispiel für ein DUCT-
Element**

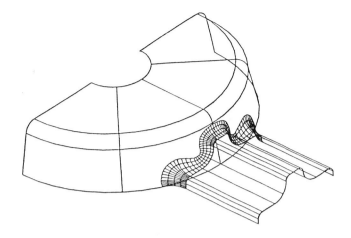

**Bild 2: Mehrere DUCTs miteinander verbunden
ergeben die Bauteilgeometrie.**

ICEM DUCT

ICEM DUCT ist ein interaktives CAD-System, das alle
Funktionen enthält, die für Design, Konstruktion,
Berechnung und Darstellung von Bauteilen mit **Frei-
formflächen** erforderlich sind. Die Hauptanwen-
dungsgebiete des Systems findet man daher in der
– Gießereitechnik (Gestaltung von Modellen, Kernkä-
  sten und Gießwerkzeugen),
– Umformtechnik (Herstellung von Gesenken und
  Umformwerkzeugen für Schmiedeteile),
– Kunststoffverarbeitung (Spritzgießwerkzeuggestal-
  tung, Vakuumtiefziehen etc.),
– Herstellung von Elektroden zum Senkerodieren.

Die Beschreibung der Geometrie eines Bauteils
erfolgt durch Oberflächenelemente, die als **DUCT**s
bezeichnet werden (duct = Rohr, Kanal; ductile =
formbar, plastisch).

Ein DUCT besteht aus mehreren Querschnitten (sec-
tions) und einer dreidimensionalen Führungslinie (Bild
1). Bei gegebenem Anfangsquerschnitt und Endquer-
schnitt werden entlang der Führungslinie Übergangs-
querschnitte durch Interpolation erzeugt.

Durch Kombination mehrerer DUCTs lassen sich Bauteile beliebiger Komplexität beschreiben. Eine
wesentliche Gestaltungskomponente ist dabei das
Anbringen von Übergangsflächen (Bild 2). Verschiedene DUCTs lassen sich vollautomatisch durch eine
Übergangsfläche mit konstantem oder variablem
Radius verbinden.

Weiterhin können Übergangsflächen definiert werden,
die vorgegebenen Minimal- und Maximalradien haben
und zwischen denen sich der Radius linear verändert.
Auf diese Weise lassen sich selbst die komplexesten
Geometrien beschreiben.

Aus den eingegebenen Daten berechnet ICEM DUCT
Längen von Kurvenzügen, Flächen und Volumen. Aus
dieser Beschreibung läßt sich jederzeit eine farbig
schattierte Darstellung der Oberfläche erzeugen.

ICEM DUCT bietet viele Möglichkeiten der Weiterverarbeitung der CAD-Geometrie: Neben der Ausgabe
als Zeichnung oder als farbig schattiertes Modell kann
ein Netz für FEM-Berechnungen erzeugt oder die
Ausgabe von NC-Daten im CLDATA-Format veranlaßt
werden. Bereits während der Geometriebearbeitung
lassen sich Fräswege berechnen und am Bildschirm
darstellen. Speziell für die Konstruktion von Spritz-
gießwerkzeugen ist eine direkte Datenübertragung zu
Programmen für die Simulation des Spritzvorganges
(MOLDFLOW und CADMOULD) möglich.

Über genormte Schnittstellen wie VDAFS und IGES
lassen sich Daten mit vielen anderen CAD-Systemen
austauschen.

F

Bild: Beispiel für ein mit ICEM VWSURF erzeugtes Modell
(Werkbild: Volkswagen)

ICEM VWSURF unterstützt die Design- und Konstruktionsphasen von stylistisch auszuformenden Oberflächen durch ein maßgeschneidertes Software-System.

ICEM VWSURF ist ein von der Volkswagen AG und CONTROL DATA gemeinsam entwickeltes CAD-System für die Auslegung und Konstruktion von Karosserieaußen- und -innenteilen im rechnergestützten Betrieb. Dieses modulare Programm ist speziell auf die Entwicklungsphasen eines Automobils zugeschnitten.

Dazu steht eine eigene Benutzeroberfläche zur Verfügung,

– die leicht erlernbar ist,
– individuell die unterschiedlichen Arbeitsweisen unterstützt und
– den speziellen Konstruktionen angepaßt ist.

Typische Konstruktionen im Oberflächengestaltungsprozeß sind als eigenständige Funktionen anwählbar. Somit ist die Anzahl der notwendigen Interaktionen und damit die Konstruktionszeit minimiert.

Gestaltungsfunktionen wie die Oberflächen-Strak-Funktion erlauben ein interaktives Verformen der Oberfläche, so daß die Daten bei jedem Zwischenschritt mittels aller zur Verfügung stehenden Darstellungs- und Diagnosefunktionen wie z.B. Schnitte, Sichtkanten, farbig schattierte Darstellung kontrolliert werden können.

Kurven und Flächen werden beschrieben durch Bezierpolynome bzw. -polyeder. Diese Technik hat sich bei der Automobilkonstruktion als besonders geeignetes Hilfsmittel erwiesen, da sie

– beliebig gekrümmte Oberflächen beschreiben kann,
– einfache Manipulationsmöglichkeiten bietet,
– übersichtliche Diagnosekriterien liefert,
– minimale Anzahl von Einzelflächen benötigt.

Voraussetzung zur effektiven Nutzung von ICEM VWSURF in den unterschiedlichen Design- und Konstruktionsphasen ist die parallele Bereitstellung von

– Verformungstechniken,
– Strakfunktionen,
– Approximationsfunktionen.

Darüberhinaus stehen alle notwendigen Elementerzeugungsfunktionen zur Verfügung, die funktional auf die Freiformoberflächenbearbeitung ausgerichtet sind. So bietet zum Beispiel die Flächenverrundungsfunktion auch die Erzeugung von krümmungsstetig einlaufenden Verrundungsflächen, Anlaufkurven genannt, unter Ausnutzung der im System (automatisch) generierbaren Nachbarschaftsinformationen an.

ICEM VWSURF ist direkt gekoppelt mit ICEM DDN, das heißt, daß in beiden Systemen die Auswahl einer Funktion genügt, um mit den aktuellen Daten im jeweiligen Nachbarsystem weiterzuarbeiten.

Dieses ICEM-Modul wird zur Konstruktion der Außenhaut von PKW's, aber auch in der Innenkonstruktion und im Design eingesetzt.

Baustein 2: Konstruktions-
und Übungsbeispiele

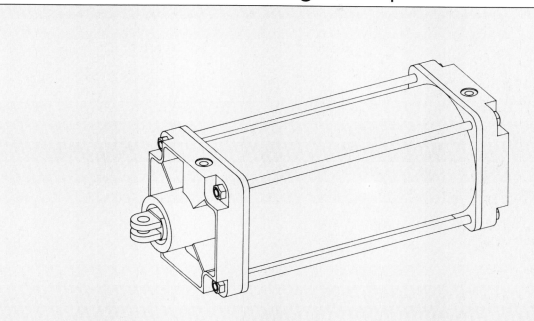

Auf den folgenden Seiten finden Sie Abbildungen
verschiedener Bauteile, an denen Sie die Modellierung mit einem 3D-CAD-System üben können.
Bei den Beispielen handelt es sich um die Einzelteile eines Hydraulikzylinders (Bild), die zunächst
alle als einzelne Körper erstellt werden sollen.
Anschließend können die Einzelteile zum Gesamt-
modell zusammengefügt oder als Explosionsdarstellung angeordnet werden. Üben Sie insbesondere das Arbeiten mit verschiedenen Ansichten
und Koordinatensystemen.

F

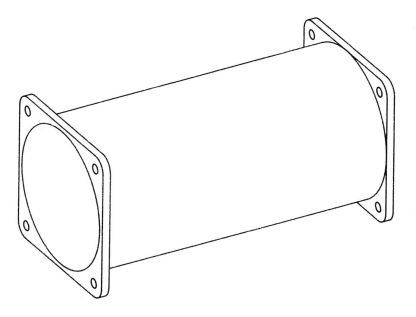

Bild 1: Gehäuse

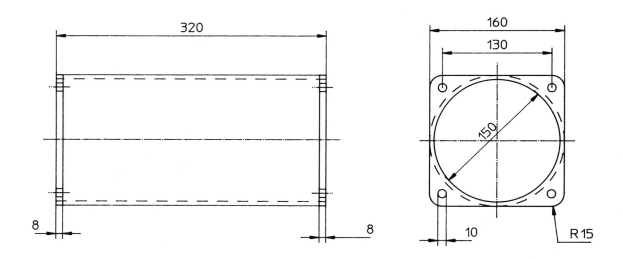

Bild 2: Abmessungen des Gehäuses

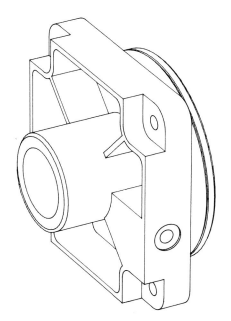

Bild 1: Vordere Abdeckung

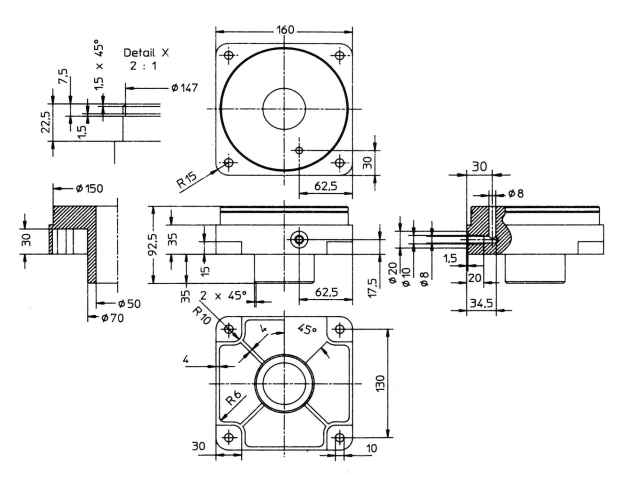

Bild 2: Abmessungen der vorderen Abdeckung

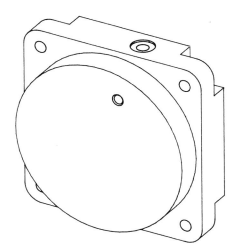

Bild 1: Hintere Abdeckung

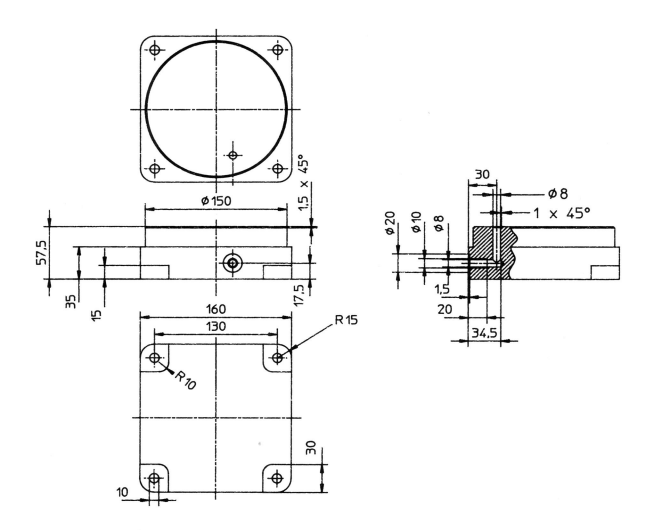

Bild 2: Abmessungen der hinteren Abdeckung

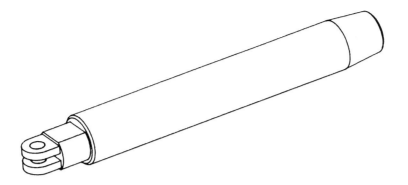

Bild 1: Kolbenstange

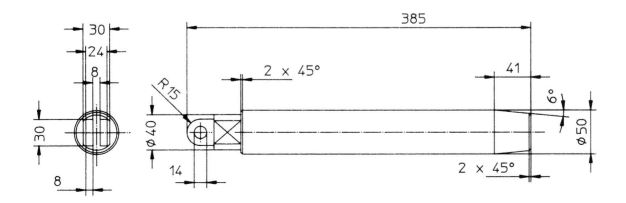

Bild 2: Abmessungen der Kolbenstange

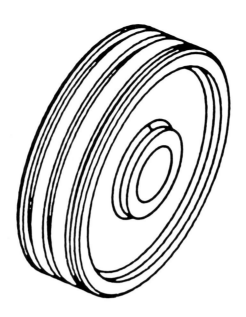

Bild 1: Kolben

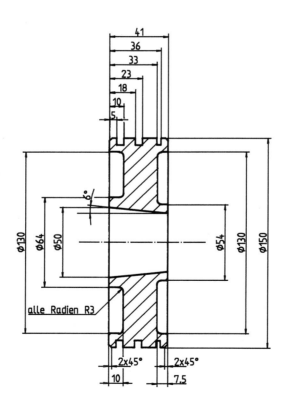

Bild 2: Abmessungen des Kolbens

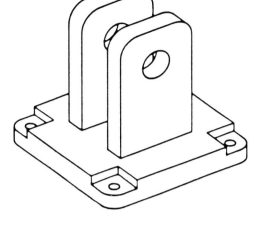

Bild 1: Gelenkflansch

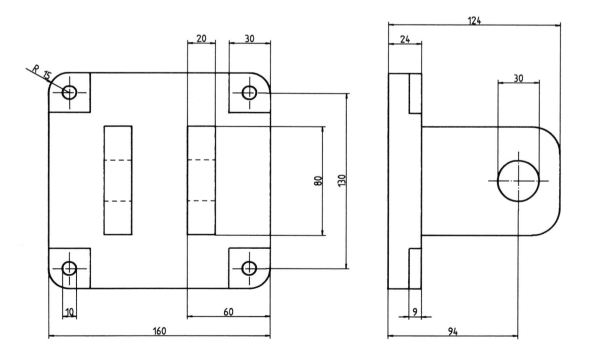

Bild 2: Abmessungen des Gelenkflansches

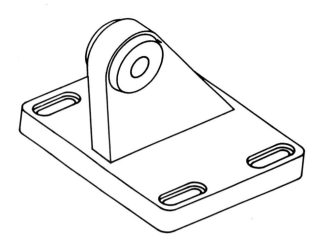

Bild 1: Befestigungsteil

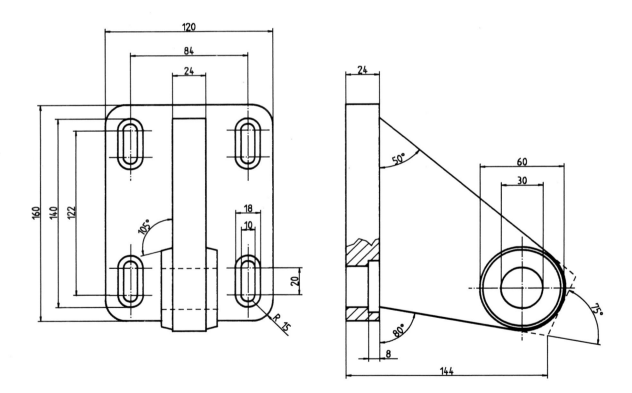

Bild 2: Abmessungen des Befestigungsteils

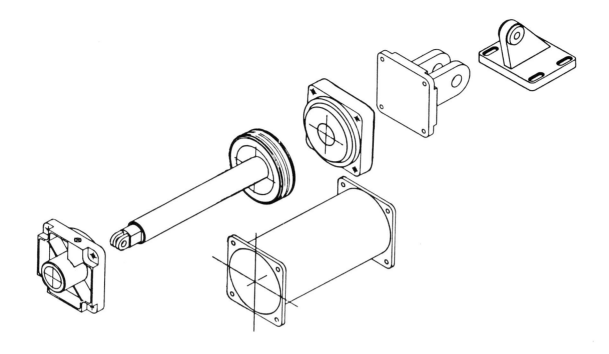

Bild: Explosionsdarstellung des gesamten Modells

Fachbegriffe
Lösungen
Stichwortverzeichnis

2D

Zweidimensionale Darstellung. Nur Geometrie (Punkte, Linien, Kreise, Flächen) in der x/y-Ebene (bzw. x/z- oder y/z-Ebene) möglich

2½D

Zweidimensionale Geometrie, der eine dritte Koordinate zugeordnet wird, die jedoch nur unabhängig von den beiden übrigen Koordinaten angesprochen werden kann; einfache räumliche Darstellung möglich

3D

Dreidimensionale Darstellung. Geometrie im Raum (x-, y-, z-Koordinaten) möglich. Man unterscheidet Kanten-, Flächen-, Volumen-, Hybrid-Modelle

Absolute Coordinate

Absolute Koordinate; x-, y-, z-Koordinate bzw. Vektorparameter, bezogen auf einen gemeinsamen Ursprung oder eine feste Geometrie (siehe Relative Coordinate)

Active View

Aktive Ansicht; die Ansicht/ Projektion, in der im Dialog gerade gearbeitet werden kann. Kommt in CAD- Systemen vor, bei denen die Ansichten nicht logisch verknüpft sind (siehe Assocative View)

ADICAD

Zeichnungsverwaltungs- und Klassifizierungssoftware für verschiedene CAD-Systeme, basierend auf dem Datenbanksystem ADIMENS

ADIMENS

Relationales Datenbanksystem für den Einsatz auf Personalcomputern, Mikro- und Minirechnern, speziell für technische und wissenschaftliche Anwendungen

Äquidistante Fläche

Fläche, die an jeder Stelle den gleichen Abstand zu einer Ausgangsfläche hat

AI

Artificial Intelligence; künstliche Intelligenz, Fähigkeit eines Rechnersystems, bestimmte Leistungen des menschlichen Verstandes nachzu-vollziehen, d.h. gewisse Lernprozesse zu durchlaufen, die das Systemverhalten ständig intelligenter werden lassen

Aliasing

Treppeneffekt bei der Darstellung von Kreisen und nicht waagrechten oder senkrechten Linien auf Rasterbildschirmen, bedingt durch das begrenzte Auflösungsvermögen

Animation

Erzeugung von Bildfolgen zur anschließenden Darstellung von bewegten Abläufen, meist auf der Basis von schattierten 3D-Modellen (siehe Kinematik)

Anti-aliasing

Softwarefunktion, mit der die hardwarebedingte schlechte Auflösung (Treppeneffekt) optisch verbessert wird; erfolgt durch Versetzen einzelner Bildpunkte

Approximation

Näherung; mathematisches CAD-Verfahren zur näherungsweisen Modellierung/ Abbildung einer Kurve oder Fläche, z.B. als B-Spline, Bezier-Fläche (siehe B-Spline, Bezier-Spline)

Arbeitsraum

Andere Bezeichnung für Arbeitskoordinatensystem (beinhaltet häufig auch die Koordinatenbegrenzung)

Arbeitsebene

2D-Ebene des Arbeitskoordinatensystems, oft auch als u-v-Ebene oder XT-YT-Ebene bezeichnet

ASCII

American Standard Code for Information Interchange; 7-bit-Code zur binären Darstellung von Ziffern und Zeichen

Assembler

Symbolische Maschinensprache zur Programmierung eines Rechners

Associative Dimensioning

Verknüpfte Bemaßung; CAD-Verfahren, bei dem die Bemaßung sich automatisch einer Modelländerung anpaßt

Associative View

Verknüpfte Ansichten; CAD-Leistungsmerkmal, bei dem die unterschiedlichen Ansichten und Schnitte miteinander verknüpft sind

Asynchrone Übertragung

Übertragung von Zeichen durch Start/Stop-Signal ohne Intervalle (siehe synchrone Übertragung)

Attribut

Zusätzliche Eigenschaft (Kennung) von Elementen einer CAD-Zeichnung, z.B. Farbe, Linientyp/-art etc.

Auflösung

Anzahl der darstellbaren Punkte auf der Bildschirmoberfläche

Auxiliary View
Ansicht eines 3D-Modells, die zusätzlich aus einer bereits vorhandenen Standardansicht erzeugt werden kann

Axonometrische Darstellung
Oberbegriff für verschiedene parallelperspektivische Darstellungen

Backup
Periodisch durchgeführte Sicherungskopie von Daten und Programmen auf Magnetband oder Diskette

BASIC
Beginner's All-Purpose Symbolic Instruction Code; leicht erlernbare höhere Programmiersprache (weite Verbreitung im Homecomputer-Bereich)

Basisvolumenelement
Primitivkörper oder Basiskörper wie Kugel, Kegel, Quader, etc., aus denen ein Modell aufgebaut wird

Baud
Maßeinheit für die Datenübertragungsrate; Baud = 1 bit/s. Gebräuchlich sind Raten von 300 bis 64 000 Baud

Beleuchtungsmodell
Verfahren zur Berechnung von Farb- und Grauwerten einzelner Bildpunkte in Abhängigkeit von Lichtquellen, Betrachtungsbedingungen und Oberflächeneigenschaften der dargestellten Objekte

Benchmark-Test
Vergleichendes Testverfahren zur Leistungsermittlung von Hard- und Softwaresystemen, wird z.B. auch bei CAD-Systemen angewendet

Benutzeroberfläche
Art und Weise, wie ein Programm vom Benutzer bedient werden kann, z.B. über Masken, Bildschirmmenüs, Tablettmenüs, Funktionstasten

Bezier-Spline
Freiformkurve, definiert nach Bezier

Binärdarstellung
Zweiwertige Informationsdarstellung (basiert auf dem dualen Zahlensystem)

Bit
Binary digit; kleinste binäre Speichereinheit; 8 bit = 1 Byte, 1 Bit kann die Werte 0 und 1 annehmen

Bit-Map-Memory
Bildwiederholspeicher; sein Inhalt kann z.B. beim Hardware-Zoom für Vergrößerungen herangezogen werden

Blending
Erzeugen einer Übergangsfläche zwischen zwei Oberflächenrandkurven

Block
Speicherbereich auf Magnetplatten oder Disketten

Bore
Funktion zur Bearbeitung von Volumenelementen; entspricht dem Fertigungsverfahren Drehen

Boundary Representation (B-Rep)
Begrenzungsflächenmodell; Methode der rechnerinternen Objektdarstellung bei 3D-Systemen

BPI
Bit Per Inch; Maßeinheit für die Schreibdichte auf Datenträgern

B-Spline
Rechnerverfahren, bei dem räumliche Kurven aus Kurvenelementen zwischen Punkten (x, y, z) vom jeweiligen mathematischen Grad n zusammengesetzt werden. Die Übergänge werden geglättet

B-Spline-Surface
B-Spline-Oberfläche; Freiformfläche, die durch B-Splines auf der Fläche bzw. am Rand definiert ist

Buffer
Puffer; Bereich zur Zwischenspeicherung von Daten, Kommandos etc.

Bus
Daten- und Adreßleitung, über die die angeschlossenen Hardware-Komponenten eines Rechners Daten und Adressen austauschen

Byte
Speichereinheit von 8 bit

C
Höhere Programmiersprache; besonders eingesetzt in Verbindung mit dem Betriebssystem UNIX

CAD
Computer Aided Design; rechnergestütztes Konstruieren

Anhang

CAE
  Computer Aided Engineering; faßt verschiedene rechnergestützte Tätigkeiten in den Bereichen der Konstruktion, der Entwicklung und der Fertigungsplanung zusammen

CAI
  Computer Aided Industry; umfassender Oberbegriff für den EDV-Einsatz im Unternehmen; beinhaltet CIM und kaufmännische EDV-Funktionen

CAM
  Computer Aided Manufacturing; rechnergestützte Fertigung

CAP
  Computer Aided Planning; rechnergestützte Fertigungsplanung

CAQ
  Computer Aided Quality Assurance; rechnergestützte Qualitätsprüfung und -kontrolle

CAR
  Computer Aided Robotics; rechnergestützte Robotereinsatzplanung

Carriage Return
  Positionierung des Cursors auf den Beginn der nächsten Zeile (z.B. beim Eingeben von Texten)

CAT
  Computer Aided Testing; rechnergestütztes Testen und Prüfen

Character
  Alphanumerisches Zeichen; z.B. Buchstabe, Zahl, Sonderzeichen

Chip
  Grundbaustein auf Halbleiterbasis für elektronische Schaltungen und Speicher

CIM
  Computer Integrated Manufacturing; Computereinsatz in der Fertigung und allen der Fertigung vorgelagerten Bereichen

Clipping
  Abschneiden von Elementen außerhalb einer Begrenzungsfläche

COBOL
  Common Business Oriented Language; höhere Programmiersprache für die kaufmännische Datenverarbeitung

Code
  Verschlüsselungssystem; z.B. ISO- und EIA-Code für Lochstreifen

Code Sharing
  Mehrere Benutzer arbeiten mit dem gleichen Programm

Color Graphics Terminal
  Mit Farbgrafik-Bildschirm ausgestatteter Arbeitsplatz

COM
  Computer Output on Microfilm; graphische Ausgabe auf Mikrofilmplotter

Compiler
  Programm zur Umwandlung von Quellprogrammen höherer Programmiersprache in Maschinensprache

Composite Curve
  Zusammengesetzter Kurvenzug

Console
  Konsole; Bedienungs- und Überwachungseinheit eines Rechners

Controller
  Steuereinheit zum Betrieb von Peripheriegeräten

Copy
  Kopieren; Duplizieren der Daten von einem Speicher auf einen zweiten

CP/M
  Control Program for Microcomputers; eines der ersten Standardbetriebssysteme für Mikrorechner

CPU
  Central Processing Unit; Zentraleinheit, bestehend aus Steuerwerk, Rechenwerk und Hauptspeicher

CPU-Zeit
  Rechenzeit, die von der CPU zur Ausführung eines Programms benötigt wird

Cross Hatching
  Schraffieren; Füllen einer geschlossenen Fläche mit gekreuzten Linien

CSG
  Constructive Solid Geometry; Volumenmodellierung in 3D-Systemen durch mengentheoretische Verknüpfung von Grundkörpern

Cursor
  Markierung auf dem Bildschirm zur Anzeige der aktuellen Eingabeposition, z.B. Fadenkreuz

Datenbank
Software-System zum Verwalten von Datenbeständen

Default Value
Voreingestellter Parameter

Delete
Löschen bestimmter Bereiche oder Geometrieelemente

Device
Logischer Name eines Peripheriegerätes, unter dem es rechnerintern angesprochen werden kann

Dimetrische Projektion
Parallelperspektivische Darstellung nach DIN 5 Teil 2; das Verhältnis Höhe : Breite : Tiefe beträgt 1 : 1 : 0,5

Directory
Bereich innerhalb eines Massenspeichers, dessen Inhalt in einem separaten Verzeichnis aufgelistet ist

Disk
Diskette, Magnetplatte; magnetisch beschichtete Kunststoffplatte zur Speicherung von Daten

Display
Anzeigegerät, Bildschirm

Display Buffer
Bildschirmspeicher

DOS
Disk Operating System; Betriebssystem

DPU
Display Processing Unit; spezielle Grafik-Hardware, die rechenintensive Aufgaben, wie die Erzeugung von Bildschirmdarstellungen oder die Verarbeitung grafischer Eingaben, ausführt

Drahtmodell
Andere Bezeichnung für Kantenmodell

Driver
Treiberprogramm; Programm zum Betrieb von Peripheriegeräten, z.B. Drucker, Plotter etc.

Dump
Speicherauszug; Kopie von Speicherinhalten auf Datenträger oder Drucker

Ebenentechnik
Folientechnik; Unterteilung einer Zeichnung in mehrere Folien (Ebenen), die übereinandergelegt die Gesamtinformation ergeben

Echtzeit-System
Real Time System; System, das Echtzeitverhalten hat; seine Verarbeitungszeiten entsprechen dem Verarbeitungstempo des technischen Prozeßes, den es steuert, regelt oder überwacht

Editor
Programm zur Eingabe und Korrektur von Texten oder Grafiken

Emulation
Ein EDV-System wird durch Software so beeinflußt das es sich wie ein anderes EDV-System verhält; z.B. gibt es Emulationsprogramme, mit denen ein Personalcomputer als Eingabegerät (Terminal) einer Großrechneranlage benutzt werden kann

Entity
Objekt; bei CAD: Geometrieelement, z.B. Punkt, Kreis, Linie etc.

Ergonomic Workstation
Den ergonomischen Anforderungen angepaßter CAD-Arbeitsplatz

Ergonomie
Anpassung der Arbeitsmittel an den Menschen

ESP
Experimental Solids Geometry; Schnittstelle zum Austausch von Volumendaten

Ethernet
Produktname eines lokalen Netzwerks

Expand
Ausdehnen des rechnerinternen (Geometrie-)Modells in alle Richtungen

Expertensystem
Programmsystem für Wissensverarbeitung, Teilgebiet der künstlichen Intelligenz (KI)

Extension
Erweiterung zum Dateinamen

Facettierung
Darstellung einer beliebigen Fläche durch viele kleine ebene Teilflächen. Beim Schattieren einer so dargestellten Fläche treten Helligkeitssprünge an den Übergängen der Teilflächen auf

Farbtabelle
Geräteabhängige Tabellendatei, in der durch Angabe der jeweiligen Intensität von Rot, Grün und Blau verschiedene Farben definiert werden

Feature
Technisches Merkmal von Hard- oder Software

Fenster
Teilbereich des Bildschirms

File Transfer
Übertragung einer Datei von einem Programm oder Rechnersystem zu einem anderen

Fillet
Übergangsradius zwischen zwei sich schneidenden Linien oder Kurven

Finite Elemente Methode (FEM)
Numerisches Rechenverfahren zur Berechnung und Simulation von Bauteileigenschaften

Firmware
Mikroprogramme zur Steuerung der Zentraleinheit und der Peripheriegeräte. Speicherung in PROM oder ROM

Flächenmethode
Methode zum Ausblenden verdeckter Kanten; Grundelemente der Berechnung sind die einzelnen Teilflächen eines Modells

Flächenmodell
Speicherung von Objekten in Form von Flächenelementen

Flächen-Punkt-Methode
Methode zum Ausblenden verdeckter Kanten; die untersuchten Kanten werden dazu in kleine Segmente zerlegt

Font
Zeichensatz, z.B. Schriftart, Linienart

Freiformfläche
Oberfläche von Werkstücken, die nicht durch vorgegebene analytische Grundelemente definiert ist

Fragmentsuche
Suche nach einem Datensatz über eine unvollständige Merkmalsausprägung

FORTRAN
Höhere Programmiersprache; stark mathematisch orientiert

Gateway
Schnittstelle, Übertragungsstelle zwischen verschiedenen Netzwerken

GKS
Grafisches Kernsystem (DIN 66252); normierte Schnittstelle für Grafikprogrammierung und -darstellung

Gouraud-Sharding
Weichschattierung einer facettierten Oberfläche, d.h. kontinuierlicher Helligkeitsübergang an den Nahtstellen einzelner Teilflächen

Graphics Display
Graphikbildschirm

Grafikprozessor
Mikroprozessor, der die Grafikverarbeitung auf dem Bildschirm beschleunigt

Grid
Punkt- oder Liniengitter auf dem Bildschirm; wird meist als Eingabehilfe verwendet (siehe Raster)

Gummibandtechnik
Rubber-Banding; Linie mit festem Startpunkt, Länge und Lage ändern sich wie bei einem Gummiband

Hardcopy
Ausdruck des Bildschirminhaltes auf Papier

Hatching
Schraffieren; Füllen einer geschlossenen Fläche mit schiefen Linien

Hermitsches Verfahren
Spezielles Interpolationsverfahren zur Approximation von Kurven und Flächen

Hidden Line Removal
Ausblenden verdeckter Kanten aus einer 3D-Darstellung

Hidden Lines
Verdeckte Kanten in einer 3D-Darstellung

Hidden Surfaces
Verdeckte Flächen in einer 3D-Darstellung

Host
Zentralrechner in einem Rechnerverbund, z.B. für Dateiverwaltung, Archivierung oder Verwaltung des Netzwerks

Hybrid-CAD-System
CAD-System, in dem mehrere Einzelsysteme mit unterschiedlichen Modellierungstechniken zusammengeschaltet sind

IC
Integrated Circuit; integrierter Schaltkreis, Chip

IGES
Initial Graphics Exchange Specification; standardisierte Geometrieschnittstelle zum Austausch von Daten

Image Analysis
Bildanalyse, Verfahren zur Aufnahme und Interpretation von Bildern

Image Processing
Bildverarbeitung eines von Hand eingegebenen oder per Scanner digitalisierten Bildes

Input Device
Eingabegerät, z.B. Tablett, Maus etc.

Insert
Befehl zum Einfügen eines Geometrieelements

Installation
Übertragung eines Programms in ein Rechnersystem und Durchführung der erforderlichen Anpassungsarbeiten (am Programm und an der Betriebssoftware), damit das Programm lauffähig wird

Interface
Schnittstelle, bei Hardware der Steckerübergang zwischen den Einzelgeräten

Interpreter
Interpretierer; arbeitet ein Programm während des Ablauf zeilenweise ab, ohne dabei ein Maschinencodeprogramm zu erzeugen; macht Compilieren unnötig

Interrupt
Unterbrechung einer Programmabarbeitung

Intersection
Verfahren, um zwei Geometrieelemente miteinander zu schneiden, z.B. Schnittpunkte von Linien bzw. Kurven, Schnittlinien von Flächen, Schnittflächen von Körpern

I/O
Input/Output; Ein-/Ausgabe

Isometrische Projektion
Parallelperspektifische Darstellung nach DIN 5 Teil 1, das Verhältnis Höhe: Breite: Tiefe: beträgt 1 : 1 : 1

Job
Bearbeitungsvorgang im Rechner

Kantenmodell
Speicherung von Objekten in Form von Kantenelementen

Kartesisches Koordinatensystem
Rechtwinkliges Koordinatensystem nach der Rechte-Hand-Regel, d.h. x-Achse nach rechts, y-Achse nach oben, z-Achse nach vorne (auf den Betrachter zu)

KByte (KB)
Abkürzung für KiloByte (2^{10} Bytes = 1 024 Bytes); wird verwendet zur Größenangabe von Dateien und von Speichergeräten

Kinematik
Fähigkeit des CAD-Systems zur Simulation von Bewegungsabläufen

Kollisionskontrolle
Automatisches Überprüfen der Berührung bzw. Kollision von grafischen Objekten im Raum

Kompatibilität
Verträglichkeit von Rechnern (bzw. Rechnerkomponenten) und Peripheriegeräten untereinander und mit anderen Systemen

Kubischer Spline
Interpolationsverfahren zur Kurvendarstellung; durch mindestens 4 Punkte wird ein kubisches Polynom konstruiert

Kurvenzug
Menge von Kantenelementen, die miteinander verknüpft sind

Label
Kennzeichnung; symbolische Markierung

LAN
Local Area Network; lokales Netzwerk für Rechner

Laufzeitfehler
Fehler, die während eines Programmablaufs auftreten

Layer
Level, Ebene, Darstellungsschicht, Folie (siehe Ebenentechnik)

Lichtquelle
Rechnerinterne „Lichtquelle" zur Erzeugung von Schattierungen

Lift
Funktion zur Änderung von Volumenelementen, „Herausziehen" eines Profils aus dem Ausgangskörper

Anhang

List-Priority-Algorithmus
Verfahren zum Ausblenden verdeckter Kanten, Berechnung in der jeweiligen Projektionsebene durch Tiefenstaffelung

Log-File
Spezielle Datei; protokolliert alle vom System ausgeführten Aktionen

Mailbox
Indirekte Kommunikation zwischen Rechnerkomponenten durch Zwischenspeicherung

Mainframe
Großrechner; Bezeichnung für eine Rechnerklasse

Makro
Programm zur Erzeugung von Geometrieelementen

Manipulation
Veränderung der Darstellung der Objekte durch Spiegeln, Skalieren, Drehen etc.

MAP
Manufacturing Automation Protocol; Standardisierungsmodell für Schnittstellen in der Fertigung

Maske
Bildschirmseite mit festem Aufbau zum Eintragen von Daten

Massenspeicher
Peripherie-Speicher zum Ablegen großer Datenmengen

Maus
Eingabegerät zur Cursorsteuerung, wird auf einer beliebigen Unterlage bewegt

MByte (MB)
Abkürzung für MegaByte (2^{20} Bytes = 1 048 576 Bytes); wird verwendet zur Größenangabe von Dateien und von Speichern

Memory
Speicher; in der Regel der Hauptspeicher des Rechners

Menü
Textliche oder symbolhafte Darstellung der Funktionen eines Programms, aus der Einzelfunktionen ausgewählt werden können

Mill
Funktion zur Änderung von Volumenelementen; entspricht den Fertigungsverfahren Fräsen

MIPS
Million Instructions per Second; Einheit; bezeichnet die Anzahl der Anweisungen (1 Million), die pro Sekunde ausgeführt werden

Mirror
Spiegeln; Funktion zur Spiegelung von Geometrieelementen an einer räumlichen Achse

Modem
Modulator/Demodulator; Gerät zur Umwandlung binärer Daten in elektrische bzw. elektromagnetische Signale und umgekehrt; wird eingesetzt zur Datenfernübertragung

Modify
Veränderung von Geometrieelementen

MP/M
Multiprogramming Control Program for Microprocessor; Mehrbenutzer-Betriebssystem für Mikrorechner, Mehrbenutzerversion des CP/M-Betriebssystems

MS-DOS
Microsoft-Disk Operating System; Betriebssystem, das auf fast allen Personal-Computern verfügbar ist (Industriestandard)

Multiplexing
Signale von mehreren verschiedenen Datenleitungen werden auf eine einzige Datenleitung zusammengeführt

Multitasking
Mehrere Programme können im Rechner gleichzeitig ablaufen

Multiuser
Mehrere Anwender arbeiten gleichzeitig mit dem Rechner

NCI
Non Coded Information; Information liegt nur als Bitmuster vor, z.B. bei Bildabtastung

Network
Netzwerk; Datenübertragungssystem zwischen Rechnern

Normalenvektor
Vektor, der senkrecht auf einem Oberflächenpunkt steht

NURBS
Erfassen und Darstellen von Freiformoberflächen in CAD-Systemen; durch Verarbeitung von zusätzlichen Randbedingungen ist eine größere Genauigkeit möglich als bei anderen Verfahren

Object-Space-Algorithmus
Verfahren zum Ausblenden verdeckter Kanten, das unter Berücksichtigung der Lage von Körpern die daraus folgenden Sichtbarkeitsverhältnisse ermittelt

Off Line
Ein- oder Ausgabe unter Einbeziehung von Datenzwischenträgern wie Lochstreifen, Lochkarte, Magnetband, Magnetplatte etc.

On Line
Direkte Kopplung von Ein- oder Ausgabegeräten an die Zentraleinheit ohne Verwendung von Datenzwischenträgern

Origin
Ursprungspunkt des Koordinatensystems; Datumspunkt

OS/2
Betriebssystem für Personalcomputer der neuen Generation

Overflow
Speicherüberlauf bei Rechnerfehler, z.B. bei Division durch 0

Overlay
Überlagerung; Technik, um große Programmsysteme so zu gestalten, daß sie trotz begrenzter Arbeitsspeicherkapazität einsetzbar sind

Pan
Verschieben des Bildschirmausschnittes

Parallelprojektion
Projektion eines räumlichen Objekts auf eine Ebene durch parallele Strahlen; wird zur Erzeugung von parallelperspektivischen Ansichten eingesetzt

Parameter
Einstellgröße; bei CAD z.B. Textgröße, Schraffurabstand etc.

Parts
Gruppierte Elemente innerhalb einer Zeichnung

Pascal
Höhere Programmiersprache

Password
Kennwort; Zeichenkombination als „Schlüssel" für den Zugang zu einem Rechnersystem oder zu bestimmten geschützten Programmen

Patch
Flächensegmente, mit deren Hilfe komplexe Oberflächen eines Werkstückmodells zusammengesetzt sind und die die Oberfläche dabei glätten

Pattern
Muster

Peripherie
Geräte, die an einen Rechner angeschlossen sind und zur Eingabe, Ausgabe oder Speicherung von Daten dienen

Perspective View
Wirklichkeitsnahe Darstellung von Bauteilen in isometrischer oder zentraler Perspektive

PHIGS
Programmer's Hierarchical Interactive Graphics Standard; Schnittstellenentwurf für grafische Anwendungen

Pixel
Bildpunkt auf dem Bildschirm oder auf dem Matrixdrucker

Plotfile
Datei, deren Inhalt zur Ausgabe auf einem Plotter bestimmt ist

Pointer
Zeiger; Verweis auf im Computer gespeicherte Daten bzw. Programme

Polygon
Aus Strecken zusammengesetzte offene Kurve oder Vieleck

Port
Steckerausgang am Rechner zum Anschluß von Peripheriegeräten

Portabilität
Austauschbarkeit und Übertragbarkeit von Programmen und Daten z.B. durch Verwendung von Normschnittstellen

Postprozessor
Nachlaufprogramm; bereitet Daten zur Weiterbearbeitung auf

Preprozessor
Vorlaufprogramm; setzt Daten in die zur Verarbeitung erforderliche Form um

Priorität
Vorrangstufe, die bei Mehrbenutzer-Systemen einem Programm oder Benutzer zugeordnet wird und festlegt, in welcher Reihenfolge Programme von der CPU bearbeitet werden

PROM
Programmable Read Only Memory; Programmierbarer Festwertspeicher

PS/2
Betriebssystem für Personalcomputer der IBM-Personal-System-Linie

Punch
Funktion zur Änderung von Volumenelementen; „Lochen" eines Körpers innerhalb eines angegebenen Profils

Quellcode
Von Menschen lesbare Form eines Programms

Queue
Warteliste, Warteschlange bei Stapelbetrieb

RAM
Random Access Memory; Direktzugriffsspeicher z.B. Arbeitsspeicher der Zentraleinheit

Raster
Hilfsmittel bei der Konstruktion am Bildschirm

Recovery
Wiederherstellung von durch Systemausfall oder fehlerhafte Bearbeitung beschädigten Daten

Redraw
Bildneuaufbau; siehe Repaint

Reference Manual
Handbuch; z.B. für die System- und Gerätebeschreibung bzw. -bedienung

Relative Coordinate
Koordinate in bezug auf eine bestimmte Konstruktionsebene

Relationale Datenbank
Datenbank, bei der vielfältige Beziehungen zwischen den einzelnen Datenfeldern hergestellt werden können

Rename
Ändern des Dateinamens

Repaint
Neuaufbau des Bildschirminhaltes

Reset
Zurücksetzen auf einen Anfangszustand

Resident
Permanent im Arbeitsspeicher verfügbar

Restore
Abspeichern

Retrieve
Wiederauffinden, z.B. einer Information; Laden von Dateien in den Arbeitsspeicher des Rechners

ROM
Read Only Memory; Festwertspeicher

Rotate
Drehen eines Geomtrieelementes oder eines Modells um eine definierte Achse

RS232
Genormte Schnittstelle, (V.24), zu seriellen Datenübertragung

Satellitenrechner
Rechner, die mit einem Zentralrechner gekoppelt sind

Scanner
Gerät zum Abtasten von Bildvorlagen

Schlüsselmerkmal
Ordnungsbegriff für Datensätze, mit deren Hilfe eine bestimmte Information in der Datenbank wiedergefunden werden kann

Schnittstelle
Anschlußstelle bei Systemen oder Teilsystemen, die Informationen austauschen, z.B. Hardwarebzw. Softwareschnittstellen, Kommunikationsschnittstellen, etc.

Scroll
Auf- und Abwärtsverschieben von Texten oder Bildern, die größer sind als der Darstellungsbereich des Bildschirms

Sektor
Bereich eines Datenträgers

Select
Interaktives Auswählen von geometrischen Elementen, Maßen, Text etc.

Server
Rechner, der in einem Netzwerk die angeschlossenen Peripheriegeräte verwaltet

Sichtbarkeitsverfahren
Methode zum Ausblenden verdeckter Kanten; Kombination aus Flächen- und Flächen-Punkt-Methode

Single User
Nur ein Benutzer kann mit dem Rechner arbeiten

Shading
Rechenintensives CAD-Verfahren, das Oberflächen von Volumenmodellen schattiert, um so ein fotoähnliches Bild auf dem Bildschirm zu erzeugen

Skalieren
Verändern der Größe eines Objektes um einen bestimmten Faktor

Smooth
Glätten, z.B. einer Fläche oder einer Kurve

Snap Mode
Einfangen von speziellen Punkten

Softkeys
Funktionstasten auf der Tastatur, die mit Hilfe des Programms mit veränderlichen Funktionen belegt werden können

Solid Line
Nicht unterbrochene, d.h. durchgezogene Linie

Solid Modelling
Modellierung mit Hilfe von Volumen-Elementen

Spline
Interpolationsverfahren, um gegebene Punkte durch eine glatte Kurve zu verbinden

Stack
Zwischenspeicher

Stamp
Funktion zur Änderung von Volumenelementen; entspricht dem Fertigungsverfahren Stanzen; Material außerhalb eines angegebenen Profils wird entfernt

String
Kette von Zeichen

Supervisor
Überwachungs- und Steuerprogramm für spezielle Aufgaben

Surface Analysis
Visuelle Überprüfung von Freiformoberflächen

Synchrone Übertragung
Übertragung von Zeichen im Zeittakt, Sender und Empfänger befinden sich im Gleichlauf

Taktfrequenz
Durch einen Oszillator (Quarz) erzeugte Frequenz der Arbeitsschritte der Zentraleinheit

Task
Im Rechner ablaufender Verarbeitungsprozeß

Terminal
Gerät zur Ein- und Ausgabe von Daten

Text Editor
Programm zum Eingeben und Modifizieren von Texten

Time Sharing
Zeitmultiplex-Betrieb; jeder Teilnehmer nutzt für eine kurze Zeitspanne die CPU-Leistung allein

Touch-Screen
Berührungs-Bildschirm; Menüauswahl durch Berühren von Menüfeldern am Bildschirm mit dem Finger

Transform Coordinates
Andere Bezeichnung für Bildschirmkoordinaten

Trimmen
Verkürzen oder Verlängern einer Linie

TTY
Tele-Typewriter; Ein- und Ausgabegerät, z.B. ein Terminal

Turnkey-System
Schlüsselfertiges Rechnersystem, z.B. CAD-System

Unit
Einheit, Element eines Systems, z.B. Gerät als Teil eines Computersystems

UNIX
Mehrbenutzer-Betriebssystem für Mikro- und Minicomputer

Update
Installieren einer neuen Programmversion

Utility
Dienstprogramm, Hilfsprogramm

Anhang

V.24
Serielle Schnittstelle (RS 232)

VDAFS
Standardisierte 3D-Schnittstelle des Verbandes der Automobilindustrie zur Übergabe von Flächendaten

View
Ansicht; vom dreidimensionalen rechnerinternen Modell abgeleitete zweidimensionale Projektion eines Objekts

Viewport
Bildschirmfenster; Unterbereich des Bildschirms, in dem verschiedene Ansichten betrachtet werden können

Volumenmodell
Speicherung von Objekten in Form von Volumenelementen

WAN
Wide Area Network; Kommunikationsnetzwerk für Langstreckenverbindungen über öffentliche Datennetze

Window Clipping
Ein- oder Ausblenden von Fensterausschnitten

XENIX
Betriebssystem aus der UNIX-Familie, lauffähig auf Personalcomputern

Zentralprojektion
Projektion eines räumlichen Objekts auf eine Ebene durch von einem Punkt aus divergierende Strahlen; wird zur Erzeugung zentralperspektivischer Ansichten eingesetzt.

Zoom
Ausschnittsveränderung (Vergrößerung, Verkleinerung)

**Lösungen zum Baustein A1
„Mathematische Grundlagen"**

1) **Drei.**

2) Koordinaten sind **Zahlenwerte, die einen bestimmten Punkt im Raum festlegen.**

3) Die **Bezeichnung der Achsen** (Rechte-Hand-Regel).

   Richtig wäre:

4) Wenn sein **Koordinatenwert in der dritten Richtung gleich Null** ist.

5) Auf der **y-Achse** im Abstand 20 vom Ursprung.

6) **Rechtwinklige Koordinaten
   Zylinderkoordinaten
   Kugelkoordinaten.**

7) **x-Achse: nach rechts
   y-Achse: nach oben
   z-Achse: nach vorne** (aus dem Bildschirm heraus).

8) Eine Strecke mit **definierter Länge und Richtung.**

9) Ein Ortsvektor ist ein Vektor, dessen **Anfangspunkt der Ursprung** (Nullpunkt des Koordinatensystems) ist.

10) **Überhaupt nicht.** Der Ortsvektor eines Punktes ergibt sich aus seinen Koordinaten.

11) $\vec{a} = \overrightarrow{P_1 P_2} = \begin{bmatrix} x_2 \\ y_2 \\ z_2 \end{bmatrix} - \begin{bmatrix} x_1 \\ y_1 \\ z_1 \end{bmatrix} = \begin{bmatrix} x_2 - x_1 \\ y_2 - y_1 \\ z_2 - z_1 \end{bmatrix}$

12) $a = \sqrt{a_x^2 + a_y^2 + a_z^2}$

13) Multiplikation eines Vektors mit einer reellen
    Zahl   Ergebnis = Vektor
    Skalarprodukt   Ergebnis = Zahl
    Vektorprodukt   Ergebnis = Vektor

14) Die **Länge** des Vektors wird **verdoppelt (halbiert).**
    Die Richtung bleibt unverändert.

15) Er ist **Normalenvektor** zur Ebene, die durch die am Vektorprodukt beteiligten Vektoren aufgespannt wird.

**Lösungen zum Baustein A2
„Modelle"**

1) **Kantenmodell
   Flächenmodell
   Volumenmodell.**

2) **Keiner.**

3) Es enthält **keine Informationen über Flächen oder Volumina.** Es wird leicht **unübersichtlich,** da verdeckte Kanten sichtbar sind. Bei einem Schnitt ergibt sich keine **Schnittfläche.**

4) Das Flächenmodell besitzt eine **Information über die Oberfläche. Verdeckte Kanten lassen sich ausblenden.** Man kann **Freiformflächen** beschreiben.

5) **Volumenmodell.**

6) **Flächenbegrenzungsmodell.**

7) Beim analytischen Verfahren werden gekrümmte Flächen durch Kurven gezeichnet. Das interpolierende approximierende Verfahren benützt für diese Flächen kleine **ebene Teilflächen,** wodurch in der Darstellung **Ecken** entstehen.

8) Freiformflächen können durch das interpolierende Verfahren angenähert werden, während beim anderen Verfahren auf analytische Oberflächen (Kugeloberfläche, Zylinderfläche) zurückgegriffen wird.

Lösungen zum Baustein B1
„Punkt- und Kurvenelemente"

1) a) Wähle die Option „**Punkt** mit **Richtung** und **Abstand**
    von einem Punkt.
    b) Identifizieren der **Linie e**.
    c) Eingabe: **50 mm**.

2)

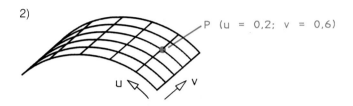

P (u = 0,2; v = 0,6)

u   v

3) a) Mit **2D-Kreisfunktionen**, nachdem Bildschirmebene
    und Ebene, in der der Kreis gezeichnet werden soll, in
    Übereinstimmung gebracht wurden.
    b) Angabe von **Mittelpunkt** und **Durchstoßpunkt** des
    Kreises durch die Bildschirmebene für einen Kreis
    senkrecht zur Bildschirmebene.

Lösungen zum Baustein B2
„Flächenelemente"

1) $Ax + By + Cz + D = 0$
    A, B, C sind die Koordinaten des Normalenvektors der
    Ebene. D gibt den kürzesten Abstand der Ebene vom
    Koordinatenursprung an.

2) **Koeffizientenangabe**
    Eingabe von **3 Punkten**
    Eingabe eines **Punktes** und einer parallelen **Ebene**
    Eingabe eines **Abstandes** und einer parallelen **Ebene**
    Eingabe eines **Punktes** und eines **Vektors**
    Eingabe **zweier Punkte** und einer senkrechten **Ebene**
    Eingabe eines **Punktes** und **zwei** senkrechter **Ebenen**.

3) Die drei Punkte dürfen **nicht** auf einer Linie liegen.

4) Durch Identifizieren der **Kontur**, Identifizieren der
    Linie, um die gedreht werden soll, und
    Eingabe eines **Anfangs-** und **Endwinkels**.

5) Translationsflächen sind Flächen, die durch **Verschie-
    ben** einer Kurve in den Raum **entlang einer Linie oder
    eines Vektors** entstehen.

6)

D2   D1

7) Eine Regelfläche ist eine Fläche, die entsteht, wenn
    man **zwei Kurven** durch **gerade**, sich der Oberflächen
    angleichende **Linien verbindet**.

8) b)

9) Die Krümmung ändert sich nicht   nein
    Weiter außen liegende Flächen
    sind stärker gekrümmt   nein
    Weiter innen liegende Flächen
    sind stärker gekrümmt   ja

10) Durch Angabe eines Punktes im entsprechenden **Qua-
    dranten**.

11) **Coons-Fläche**
    Bezier-Fläche
    B-Spline-Fläche.

Lösungen zum Baustein B3
„Volumenelemente"

1) **a) c) e)**.
    Hinweis zu a: Die z-Richtung wird vom System als
    Hauptrichtung festgelegt.
    Hinweis zu e: Als Anfangspunkt wird vom System der
    Koordinatenursprung verwendet.
    Der Endpunkt legt die Höhe und die Hauptrichtung fest.

2) a) Der **Radius a**
    b) Der **Radius c** (großer Radius).

3) a) Erzeugen eines **Rotationskörpers**
    b) Erzeugen eines **Translationskörpers**.

4) Bei Angabe eines **oberen Radius** wird ein **Kegelstumpf**
    erzeugt. Wird **kein Radius oder 0** eingegeben, erzeugt
    das System einen **Kegel**.

5) a) Es muß ein **geschlossener Konturzug** sein.
    b) Es muß ebenfalls ein **geschlossener Konturzug** sein.

6) Das Programm versucht, die **Flächen** bis zu den ge-
    meinsamen Schnittkanten zu **trimmen**, so daß eine **ge-
    schlossene Körperhülle** entsteht und erzeugt daraus
    einen Körper. Ist keine geschlossene Hülle vorhanden,
    wird kein Körper erzeugt.

Lösungen zum Baustein C1
„Änderung der Größe und Lage von Elementen"

1) a) Durch Angabe von **Anfangs- und Endpunkt**
   b) Durch Identifizieren eines **vorhandenen Vektors**
   c) Durch Angabe von **Richtung und Abstand.**

2) Durch **Identifizieren des zu drehenden Elements und der Drehachse.**
   Durch **Eingabe des Drehwinkels.**

3) a) Durch **Angabe einer Koordinatenachse des lokalen oder globalen Koordinatensystems** (Koordinatenachse ist Drehachse)
   b) Angabe von **2 Punkten** (Linie durch diese zwei Punkte ist Drehachse)
   c) **Identifizieren einer vorhandenen Linie** oder **eines vorhandenen Vektors**
   d) **Identifizieren eines Punktes**, der auf der Drehachse liegt und einer **beliebigen Linie** oder eines **beliebigen Vektors** im Raum, um die Richtung der Drehachse zu bestimmen.

4) **Spiegelebene.**

5) a) Identifizieren einer vorhandenen ebenen Fläche bzw. Körperoberfläche
   b) Angabe eines Punktes auf der Spiegelebene und der Normalenrichtung der Spiegelebene
   c) Angabe einer **existierenden Linie** und der **z-Richtung des Bildschirmkoordinatensystems** (Tiefe)
   d) Eingabe der **Koeffizienten der Ebenengleichung**
   e) Identifizieren von **drei existierenden Punkten**, die nicht auf einer Geraden liegen
   f) Angabe eines **existierenden Punktes auf der Spiegelebene** und einer **parallelen Ebene.**

6) **Beim Kantenmodell.**

7) Bei einer **Änderung der Ansicht passen die abgeschnittenen Kanten nicht mehr.**

8) **6 Punkte.**

9)

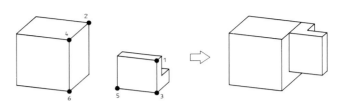

1. **Referenzpunkt des zu verschiebenden Körpers**
2. **Plazierungspunkt**
3. **1. Bezugspunkt am Verschiebekörper**
4. **Ausrichtungspunkt für 3**
5. **2. Bezugspunkt am Verschiebekörper**
6. **Ausrichtungspunkt für 5.**

10) Durch **mehrmaliges Anwenden der Funktionen „Drehen" und „Verschieben".**

11) Unter einem Feature versteht man eine Gruppe oder Liste von **Kanten, Flächen oder Punkten,** die ein **gemeinsames Merkmal** haben und sich **gemeinsam ansprechen lassen.**

12) Zusammengefaßte Flächen

Angrenzende Flächen

Flächen, die von einer Achse durchstoßen werden

Flächen, die entlang eines Vektors liegen

Flächen eines bestimmten Typs

Begrenzungskanten einer Fläche

Eckpunkte

13) **Nein. Löcher oder Aussparungen** in einer Fläche, **die einen eigenen Zug von Begrenzungskanten haben, müssen getrennt identifiziert werden.**

14) **Um Verformungen** durch Kräfte, Momente und Temperaturänderungen **zu berechnen und darzustellen.**

Anhang

**Lösungen zum Baustein C2
„Volumen-Verknüpfung"**

1) Für das **Volumenmodell.**

2) **Durchschnitt.**

3) Sie **überlappen** sich **nicht.**

4) **Körper 2.**

5)

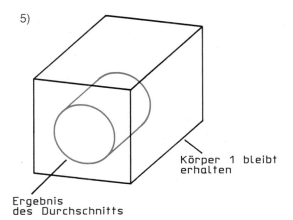

Körper 1 bleibt
erhalten

Ergebnis
des Durchschnitts

6) Durch **Erzeugung eines Translationskörpers** und anschließende **Vereinigung.**

7) Durch **Erzeugung eines Körpers durch Rotation** und **Vereinigung** mit dem gewünschten Körper.

8) Körper Ergebnis
   a) Definition der betreffenden Oberfläche als **Arbeitsebene**
   b) Definition der **Drehachse** (a)
   c) Eingabe eines **Drehwinkels** (180°).

9) **Senkrecht zur Arbeitsebene.**

10) **Unendlich.**

11) **Bei „Stamp" verschwindet das Material außerhalb des Profils. Bei „Punch" verschwindet das Material innerhalb des Profils.**

12) „Mill" nimmt das Material nur bis zu einer **eingebbaren Tiefe** (Abstand von der Arbeitsebene) weg. „Stamp" stanzt von − bis +.

13) Es muß aus **geschlossenen Konturzügen** bestehen.

**Lösungen zum Baustein C3
„Flächen-Verknüpfung"**

1) Bei der Funktion „Bewegen" **bleibt die Topologie erhalten,** bei „Herausziehen" **ändert sich die Topologie.**

2) **Überhaupt nicht.** Bei beiden Funktionen werden die verschobenen Flächen in ihrer Form und Ausrichtung nicht verändert, sondern lediglich in ihrer Lage um den Verschiebungsvektor versetzt.

3) Durch **Einfügen neuer Flächen,** die durch Rotation der Kanten der gedrehten Fläche um die Drehachse entstehen.

4) **Absolut**wert oder **Relativ**wert.

5) Durch Eingabe eines neuen **Kegelwinkels.** Eingabe einer neuen **Höhe.** Eingabe eines neuen **Radius** auf einer bestimmten **Höhe.**

6) **Nein.** Konvexe und konkave Kanten müssen getrennt verrundet werden.

7) **Ja.**

8) Das System **verlängert die angrenzenden Flächen,** so daß die Lücke geschlossen wird.

9) **Fasen** oder **Ausrundungen** können auf einfache Weise **entfernt** werden.

Lösungen zum Baustein D1
„Ansichten und Fenster"

1) Das **Abbild des gerade bearbeiteten Modells**, das **aus einer bestimmten Richtung betrachtet** wird.

2) Überhaupt **nicht**. Die Lage im Modellkoordinatensystem bleibt gleich. Nur die Lage des Modellkoordinatensystems bezüglich des Bildschirmkoordinatensystems wird verändert.

3) Bei der automatischen Fensteraufteilung wird mit der Auswahl einer Aufteilung sowohl **Größe** und **Anzahl** der Fenster als auch die **Ansicht festgelegt**. Diese Parameter sind bei der manuellen Fensteraufteilung frei wählbar. Außerdem wird bei der automatischen Fensteraufteilung der **Platz auf dem Bildschirm nicht optimal ausgenutzt**.

4) Durch verschiedene **Ansichtsparameter**.

5) Achsen **senkrecht zur Bildschirmebene**
horizontale Achsen der Bildschirmebene
vertikale Achsen der Bildschirmebene
beliebige Achsen des Konstruktionsobjekts.

6) Die Drehlage des Körpers in der Bildschirmebene ist noch nicht bestimmt. Die Kante gibt in der neuen Ansicht die **x-Richtung des Bildschirmkoordinatensystems** aus, d.h. sie verläuft waagrecht.

7) Sie verschwindet vom Bildschirm.

8) (+ 0,43 / − 0,75 / − 0,5).

9) Die Eingabe „Abstand" bezieht sich auf den **Abstand vom betrachteten Objekt zum Betrachter**.

10) Bei unendlichem Abstand existiert **keine** perspektivische Verzerrung.

Lösungen zum Baustein D2
„Darstellungshilfen"

1) Anzahl der **Pfade in u-Richtung: 5**
Anzahl der **Pfade in v-Richtung: 4**
Anzahl der **Stützpunkte pro u-Pfad: 5**
Anzahl der **Stützpunkte pro v-Pfad: 7**

2) **Je mehr Stützpunkte** auf einem Flächenpfad liegen, **desto genauer** wird **die Oberfläche** angenähert.

3) **Keinen.**

4) Es funktioniert **nicht**. Automatisches Ausblenden existiert nur beim Flächen- und Volumemodell.

5) Beim Neuzeichnen wird die **Zeit für den Bildaufbau** deutlich **länger**.

6) **Betrachtungsbedingungen**
Oberflächenbeschaffenheit
Lichtquellen
Farbe der Körperoberfläche und der Lichtquellen.

7) Die **Zerlegung** einer Körperoberfläche **in eine Vielzahl kleiner, ebener Flächen.**

8) Position im Raum
Intensität in Abhängigkeit der Entfernung
Farbe
Richtung des Lichtstrahls
Intensität in Abhängigkeit des Öffnungswinkels
An oder Aus
Öffnungswinkel.

9) E für Kanten (edge)
F für Flächen (face)
B für Körper (body).

**Lösungen zum Baustein D3
„Konstruktionshilfen"**

1) a) Durch ein **eingeblendetes Koordinatensystem** mit den 3 Achsrichtungen u, v, w
   b) Durch eine **Rechteckfläche**, die unter der Arbeitsebene liegt
   c) **Ansicht** wird so **verändert**, daß die **Arbeitsebene gleich der Bildschirmebene** ist.

2) Die w-Achse zeigt nach Definition **vom Körper weg.**

3) a) Angabe einer beliebigen **Drehachse** und eines **Drehwinkels**
   b) Identifizieren einer **ebenen Körperfläche**
   c) Angabe eines **Punktes** und einer **Normalen**
   d) Angabe eines **Punktes** und einer **Linie**
   e) Angabe eines **Punktes** und einer **Fläche**
   f) Angabe von **3 Punkten**, die **nicht auf einer Linie liegen**
   g) Angabe von **2 Linien**, die **in einer Ebene liegen**
   h) Angabe einer **gebogenen Kurve, die in einer Ebene liegt**
   i) Angabe eines **Verschiebungsvektors, nachdem** die Funktion **Verschieben gewählt wurde**
   j) Angabe eines **vorhandenen Punktes, nachdem** die Funktion **Verschieben gewählt wurde**

4) Funktion **zum Abschneiden von Teilen** einer Ansicht ab einer bestimmten Schnittebene.

5) Körper können **gemeinsam „identifiziert" und bearbeitet werden.**

**Lösungen zum Baustein D4
„Hilfsgeometrie"**

1) **Konstruktionspunkte
   Konstruktionslinien
   Konstruktionflächen.**

2) a) **Durchnumerierung**
   b) **Bezug auf den Anfangspunkt**
   c) **Bezug auf eine Linienrichtung.**

3) Durch **Wahl der entsprechenden Option und Identifizieren der Kurve bzw. Oberfläche**, zu der der Mittelpunkt gesucht wird.

4) **Eingabe der Koordinaten des neuen Ortes**
   Definition eines **Versetzungsvektors**
   Eingabe des **Betrages einer Versetzung** und **Identifizieren einer Linie, entlang welcher versetzt werden** soll
   Komponentenweise in Koordinatenrichtungen.

5)

6) In der **x-y-Ebene.**

7) Angabe des **Mittelpunkts**, der **Normalenrichtung** zur Ellipsenebene, der **Länge** und der **Richtung beider Halbachsen.**

8) Angabe von **drei Punkten**
   Angabe eines **Punktes** und einer parallelen **Ebene**
   Angabe eines **Punktes** und einer **Senkrechten**
   Angabe von **zwei** parallelen oder sich schneidenden **Linien**
   Angabe einer ebenen **gebogenen Kurve.**

9) a) **Zwei.**

   b) Angabe der **ungefähren Zylinderachsrichtung.**

10) Durch Angabe des **Halbwinkels der Spitze.**

**Lösungen zum Baustein E1
„Modellverwaltung"**

1) Eine Instanz ist ein **Verweis** auf einen Originalkörper.

2) a) Kommt ein Körper häufig vor, spart man Speicherplatz. Sollen die Körper geändert werden, braucht nur der Originalkörper geändert werden. **Alle Instanzen werden mitgeändert.**

   b) Beim Ändern von Instanzen lassen sich nur **alle Exemplare gleichzeitig** ändern. Eine Kopie allein kann nicht verändert werden.

3) Man definiert den Körper, der geändert werden soll, **nicht als Instanz**, sondern als Körper durch **Duplizieren des Originalkörpers.**

4) Eine Baugruppe ist eine **Liste von Instanzen.**

5) Mit dieser Funktion kann ein **Verzeichnis aller** in der Zeichnung enthaltenen **Instanzen, Baugruppen und Körper** am Bildschirm angezeigt werden.

6) a) Speicherungsart ist die **schnellste**, die zur Verfügung steht
   b) Einzelne Dateien können **nicht separat gelesen werden**
   Datentransfer zu anderen Programmen ist **nicht möglich.**

7) Durch Speicherung in **ASCII Daten.**

8) Das Laden eines Körpers in ASCII-Daten ist **unmöglich**, wenn er nicht in ASCII-Daten gespeichert wurde!

9) – Daten über Ersteller, Modell und Zeichnung können mit abgespeichert werden. Unter diesen Daten kann eine Zeichnung gesucht werden (Schlüsselmerkmale).
   – Suchen nach einer Zeichnung trotz unvollständiger Schlüsselmerkmale (Fragmentsuche).
   – Angabe des Speichermediums, auf dem sich eine Zeichnung befindet, wenn sie nicht im benützten Speichermedium ist.

**Lösungen zum Baustein E2
„Transformationen"**

1) Mit der Layout-Funktion lassen sich verschiedene Ansichten des 3D-Modells in beliebiger Lage und Größe auf dem Bildschirm darstellen. Diese Funktion macht aus dem **3D-Modell** eine **2D-Zeichnung.**

2) Die entsprechende Ansicht muß vor dem Bemaßen **zur aktuellen Ansicht gemacht werden.**

3) a) Über die **Layout-Funktion**
   b) Über eine **Austauschdatei.**

4) Da eine 2D-Zeichnung aus den gleichen Geometrieelementen besteht, wie sie im 3D-Kantenmodell vorkommen.

5) Die Elemente müssen eine geschlossene Kontur bilden.

6) a) **Benennen** aller Punkte, Linien und Kreise, die übertragen werden sollen
   b) Bei **Flächen** muß die Kontur als **Kurvenzug** definiert und mit einem **Namen** versehen werden
   c) Bei **Körpern** muß die Kontur als **Kurvenzug** definiert, der Kurvenzug und ein **Punkt** bzw. **Linie** gruppiert und die Gruppe mit einem **Namen** versehen werden
   d) Das vorbereitete Kantenmodell muß **als Datei abgespeichert** werden.

7) Weil **eine Begrenzungslinie zu zwei Flächen** gehören kann. Wenn eine geschlossene Kontur definiert wird, fehlt die Begrenzungslinie der 2. Fläche.

Beispiel:

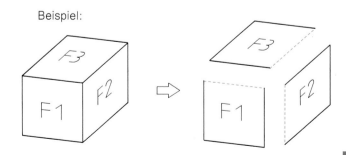

Das System ergänzt die gestrichelte Linie.

Anhang